JN261465

相対論入門

時空の対称性の視点から

中村 純［著］

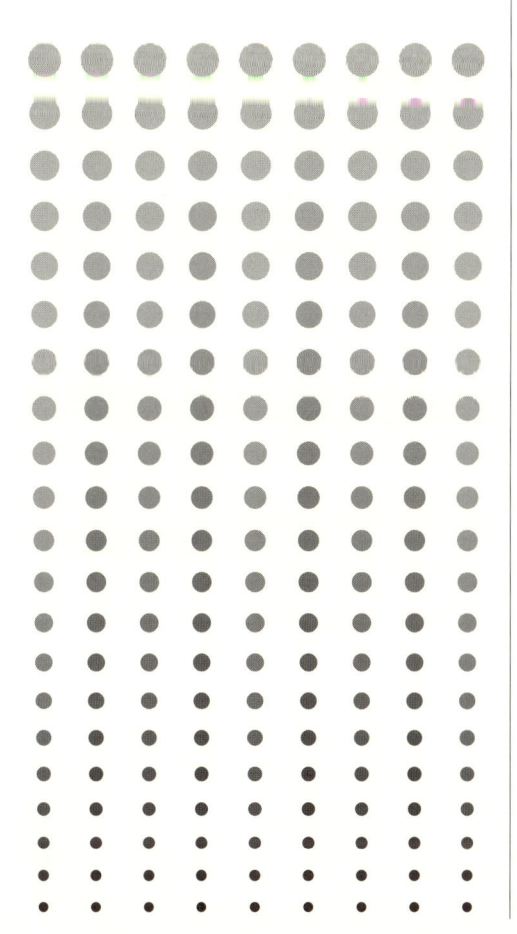

18

フロー式
物理演習
シリーズ

須藤彰三
岡　真
［監修］

共立出版

刊行の言葉

　物理学は，大学の理系学生にとって非常に重要な科目ですが，"難しい"という声をよく聞きます．一生懸命，教科書を読んでいるのに分からないと言うのです．そんな時，私たちは，スポーツや楽器（ピアノやバイオリン）の演奏と同じように，教科書でひと通り"基礎"を勉強した後は，ひたすら（コツコツ）"練習（トレーニング）"が必要だと答えるようにしています．つまり，1つ物理法則を学んだら，必ずそれに関連した練習問題を解くという学習方法が，最も物理を理解する近道であると考えています．

　現在，多くの教科書が書店に並んでいますが，皆さんの学習に適した演習書（問題集）は，ほとんど見当たりません．そこで，毎日1題，1ヵ月間解くことによって，各教科の基礎を理解したと感じることのできる問題集の出版を計画しました．この本は，重要な例題30問とそれに関連した発展問題からなっています．

　物理学を理解するうえで，もう1つ問題があります．物理学の言葉は数学で，多くの"等号（＝）"で式が導出されていきます．そして，その等号1つひとつが単なる式変形ではなく，物理的考察が含まれているのです．それも，物理学を難しくしている要因であると考えています．そこで，この演習問題の中の例題では，フロー式，つまり流れるようにすべての導出の過程を丁寧に記述し，等号の意味がわかるようにしました．さらに，頭の中に物理的イメージを描けるように図を1枚挿入することにしました．自分で図に描けない所が，わからない所，理解していない所である場合が多いのです．

　私たちは，良い演習問題を毎日コツコツ解くこと，それが物理学の学習のスタンダードだと考えています．皆さんも，このことを実行することによって，驚くほど物理の理解が深まることを実感することでしょう．

須藤　彰三
岡　真

まえがき

　相対論が，現代物理学の体系の重要な柱の一つであることは誰もが同意すると思います．しかし，大きな期待をもって学び始めたのに，途中で挫折してしまうことも多いようです．著者自身，学部学生時代に勉強した本を引っ張りだしてみると，せっかく名著を選んでいるのに，一般相対論の途中で挫折した形跡があります．

　この本の目的は，物理を勉強する日本のすべての大学生が力学，電磁気，量子力学，統計力学と同じように，特殊相対論，一般相対論のエッセンスを理解し，身につけることです．

　各章の最初の短い解説を読み，30題の例題を一つひとつ自分で解いていくと，相対論の理論構造がわかったぞと自信がつくはずです．そのあとで専門的な詳しい教科書を読んだり授業を受ければ，目が回ってしまうことは無いはずです（たぶん）．

　本シリーズの趣旨に合わせて内容が過多にならないようにし，例題を読者が自分で手を動かして解いていくことができるように，説明と式の変形はできるだけ丁寧に行いました．本格的な相対論の勉強の準備を目指したものですから，偏微分と初等的なベクトル，力学，電磁気学の知識があれば，大きな苦労無く読めるようにしてあります．

　また，読者が読み進めていくときの意欲を維持するために，相対論とその関連分野を構築するために心血を注いだ，アインシュタインを始めとする研究者たちの人間的側面についても少し触れました．

　相対性理論の内容のすべてを網羅することはせず，相対論の理論的枠組みを理解することを目指し，数学的な技術を無理なく身につけ，意欲をもち続けて学んでいけるように内容と順番をアレンジしています．また，最近の宇宙論の大きな進展を考え，その方面の勉強につながることも多少（多少ですよ）意識して全体を構成しました．また，対称性が物理学の基本原理として強く意識されるようになってきた現代の理論物理学の流れを読者が自然に身につけるようになることも目指しました．

この本を手にした読者がどのように本書を利用するかはもちろん自由です．端から解説，例題，発展問題を順番にやっていくのも一つの道ですし，まずざっと読んで全体を把握してから例題を丁寧に読み，それから自分でやってみるというのもありだと思います．友人たちとゼミで一緒にやるのもよいし，自分は相対論の専門家ではないけど教えることになってしまったぞという先生が教材に使われることも可能だと思います．半期15回で終わる分量になっています．いずれにしても，力学，熱力統計学，電磁気，量子力学は理工系の物理で必須だけど，相対論は抜けていてもしょうがないよなあという状況が少しでも改善されればと願っています．著者は大学の教員なので，教えることについては勉強を（少しですが）しています．この本を書くにあたり「インストラクショナルデザインの原理」（ガニエ他），「数学文章作法 基礎編」(結城浩) などを復習し，読者の学習効果が少しでも高まるように努力しました（どこが，と言われると困るのですが）．

　幸い（？）著者は一般相対論の専門家ではないので，専門家のようにアインシュタインの重力の方程式もニュートンの運動方程式も同じように見えるということはありません．初学者はいったいどこが難しく感じて挫折しそうになるのかは理解しているつもりです．読者がリーマン幾何につまずいたり，クリストッフェル記号を使った計算に嫌気がさしたりしないで，最後の章までたどり着けるように，わかりやすく誤解の無いように一生懸命書いたつもりです．でも著者の思い込みで理解が困難な文章になってしまうことは多々あります．原田晶子博士は，細部まで丁寧に原稿を読んで下さり，たくさんの指摘を下さいました．福田龍太郎氏は，例題を解いて学生の立場から有益なコメントを下さいました．また内容の理解を助け，かつちょっと読者の息抜きになることを目的としたイラストは妻由美子が描いてくれました．監修の岡真先生は，全体の構成，例題，発展問題について多くの助言を下さいました．共立出版編集制作部の島田誠氏は，なんだかんだと言い訳をひねり出して執筆から逃避しようとする著者を引っ張って原稿の完成にまで導いてくださいました．わかりやすい本の制作のために力を貸して下さった皆さまに心から感謝いたします．

2014年5月　　　　　　　　　　　　　　　　　　　　　　　　　　中村　純

目次

まえがき iii

1　物理における対称性　　1
例題 1【ニュートン方程式と対称性】 3
例題 2【直交行列】 7
例題 3【ガリレイ変換と不変性】 10

2　特殊相対性理論　　12
例題 4【ローレンツ変換の不変量】 19
例題 5【エネルギーと運動量】 20
例題 6【実験室系と重心系】 22
例題 7【速度の合成】 24
例題 8【光速とローレンツ変換】 28
例題 9【光円錐，時間的領域，空間的領域】 29

3　マクスウェル方程式　　30
例題 10【勾配，発散，回転】 33
例題 11【クーロンの法則とガウス則】 39
例題 12【電磁ポテンシャル】 41
例題 13【電磁波】 44
例題 14【重力ポテンシャル】 47
例題 15【電荷保存則】 49
例題 16【マクスウェル方程式とローレンツ変換】 . 51

4 リーマン幾何学と時空の構造　　57

- 例題 17【計量と基底ベクトル】 75
- 例題 18【反変ベクトル・共変ベクトルと計量テンソル】 77
- 例題 19【半球の計量とクリストッフェルの記号】 80
- 例題 20【半球のリーマン幾何学】 87
- 例題 21【測地線】 90

5 一般相対性理論−重力と宇宙の理論　　92

- 例題 22【アインシュタイン方程式 (1)】 95
- 例題 23【一般相対論における測地線方程式】 98
- 例題 24【アインシュタイン方程式 (2)】 101
- 例題 25【シュバルツシルト解】 104
- 例題 26【GPS】 115

6 宇宙論と一般相対性理論　　121

- 例題 27【宇宙の理解】 126
- 例題 28【重力波】 130
- 例題 29【ロバートソン・ウォーカー計量】 135
- 例題 30【フリードマン方程式】 139

A 付録 特殊相対性理論の基本原理の原文　　147

B 関連図書　　148

C 発展問題略解　　151

図目次

1.1 エミー・ネーター（1882-1935）．博士号を取得した25歳前後の写真ではないかと思われる (http://en.wikipedia.org/wiki/File:Noether.jpg)． 1
2.1 アルバート・アインシュタイン（1879-1955） (http://en.wikipedia.org/wiki/File:Einstein_patentoffice.jpg)． 12
2.2 ローレンツ収縮． 17
3.1 ジェームズ・クラーク・マクスウェル（1831-1879）．JAMES CLERK MAXWELL FOUNDATION (http://www.clerkmaxwellfoundation.org/) のご好意による． 30
3.2 $z - f(x,y)$ 曲面の等高線と，ある点でのベクトル $\nabla f(x,y)$． . 35
3.3 発散 $\nabla \cdot \mathbf{A}$ の意味． 35
3.4 回転 $\nabla \times \mathbf{A}$ の意味． 36
3.5 $\mathbf{A} = (y, x, 0)$ の振舞い． 38
3.6 左の長方形から流れ出るベクトル $\mathbf{A}$ は右の長方形に流れ込む． 39
4.1 写真一番左がマルセル・グロスマン（1878-1936）．その右隣はアインシュタイン．チューリッヒ郊外でグロスマン21歳，アインシュタイン20歳頃．AIP Emilio Segre Visual Archives のご好意による． 57
4.2 直交座標 (x,y) と極座標 (r,θ)．ベクトル $\mathbf{V}$ の直交座標の成分は V^1, V^2，極座標の成分は V, θ． 63

- 4.3 斜交座標. 64
- 4.4 共変ベクトル. 69
- 4.5 2次元極座標. 70
- 4.6 ベクトルの平行移動. 72
- 4.7 ジャガイモの表面の曲率は？. 74
- 5.1 アインシュタインが1922年に日本を訪問したときの講義の自画像（左）および岡本一平による絵（文献 [4] より転載）. . . 92
- 5.2 $R_s = \frac{2GM}{c^2}$ の中から光は出てこない．$R_s = \frac{2GM}{c^2}$ に近づく物質は観測者の時間 t では到達までに無限の時間が経過する．. . 114
- 5.3 GPS衛星までの距離から現在地を決定. 115
- 5.4 加速度 α で上昇する家で2階から発信される光のパルスを1階の測定器で観測. 117
- 5.5 等価原理により重力中の系と加速度系は等価. 120
- 6.1 ダークマターの発見者ベラ・ルービン（1928-）大学学部生時代. 121

記号について

- 特殊相対論での計量メトリックは

$$(g_{\mu\nu}) = \begin{pmatrix} g_{00} & g_{01} & g_{02} & g_{03} \\ g_{10} & g_{11} & g_{12} & g_{13} \\ g_{20} & g_{21} & g_{22} & g_{23} \\ g_{30} & g_{31} & g_{32} & g_{33} \end{pmatrix} = \begin{pmatrix} -1 & 0 & 0 & 0 \\ 0 & +1 & 0 & 0 \\ 0 & 0 & +1 & 0 \\ 0 & 0 & 0 & +1 \end{pmatrix}$$

- 関数 f の x^μ での偏微分は

$$\frac{\partial f}{\partial x^\mu} \quad \partial_\mu f \quad f_{,\mu}$$

などの表記が，x_μ での偏微分は

$$\frac{\partial f}{\partial x_\mu} \quad \partial^\mu f \quad f_{,}{}^\mu$$

などの表記が使われる．本書では誤解の可能性が低いときは第2の表式，確実に読者に示したいときは第1の表式を使う．読者が自分の手を動かして計算するときは，もっとも簡便な第3の表式が便利であろう．

- 上付き下付き添字に同じ記号が現れたときには，和の記号はしばしば省略される（アインシュタインの規約）．

$$\sum_\mu a_\mu b^\mu \to a_\mu b^\mu$$

本書でも多用するが，誤解の可能性があるとき，あるいは読者にはっきり認識してもらいたいときは省略しない．

- 特殊相対論，一般相対論では添字が時間・空間の座標 (0,1,2,3) を表すときは通常ギリシャ文字 $(\alpha, \beta, \gamma, \cdots)$ を使用し，空間の座標 (1,2,3) を表すときはラテン文字 $(a, b, c, \cdots)$ を使用する．しかし，ギリシャ文字で書かれた複雑な式に辟易して読者が挫折しないように，時間・空間の座標を表す場合にも，初学者が困難を感じるところはラテン文字を適宜用いる．

重要度
★★★

1 物理における対称性

図 1.1: エミー・ネーター (1882-1935). 博士号を取得した 25 歳前後の写真ではないかと思われる (http://en.wikipedia.org/wiki/File:Noether.jpg).

《 内容のまとめ 》

　物理学では「対称性」という考え方が非常に重要になります. 2008 年度の南部／益川／小林に対するノーベル物理学賞が素粒子物理学における「対称性の破れ」であったことを思い出す読者も多いと思います.
　ヘルマン・ワイルは「対称性（シンメトリー）」を「ある変換をほどこして

も変わらない性質」として定義しています[1].

　この「ある変換」として，ガリレイ変換を考えればニュートン力学の深い構造が見えてきますし，マクスウェル方程式で見いだされたローレンツ変換を考えれば特殊相対論，一般座標変換を考えれば一般相対論の世界が現れます．現代の素粒子論で重要な役割を果たすゲージ場の理論は，ゲージ変換に対して不変な理論となっています．ワイルはこのゲージ（ものさし）変換の提唱者でした．

　物理学における対称性の重要性を明確に示したのはエミー・ネーターでした．彼女は「連続的な対称性があれば，それに対応する保存則がある」ことを発見しました（ネーターの定理）．保存則とは，時間が経っても変わらない量（保存量）が存在するということで，つまり時間で微分すればゼロになります．

　たとえば，系を空間的にずらしても変わらないという対称性があれば，運動量保存則が得られます．運動量の x, y, z 方向の成分を p_x, p_y, p_z とすれば，それぞれの方向への平行移動に対する不変性から運動量保存則

$$\frac{dp_x}{dt} = 0, \quad \frac{dp_y}{dt} = 0, \quad \frac{dp_z}{dt} = 0 \tag{1.1}$$

が成立します．p_x, p_y, p_z を成分とするベクトルを $\mathbf{p}$ とすれば，

$$\frac{d\mathbf{p}}{dt} = \mathbf{0}. \tag{1.2}$$

と一つの式で書けますね．系を時間的にずらしても変わらないという対称性からはエネルギー保存則，回転しても変わらないという対称性からは角運動量保存則が得られます．

　エネルギー保存則，運動量保存則はニュートンの運動法則から導くことができますが，ネーターの定理は，ニュートンの運動法則によらずに系の平行移動，時間推進，回転に対する対称性から，運動量，エネルギー，角運動量の保存則が得られることを主張します．実際，量子力学に進んでも，相対論に進んでも，これらの対称性があれば対応する保存則があります．ネーターの定理は，自然界のもつ対称性がどのような結果をもたらすかについて，個々の物理法則を超えた深い構造を垣間見させてくれます．

---

[1]「シンメトリー」（紀伊國屋書店）．「ファインマン物理学 I 力学」（岩波書店）の 11-1 も読んでみてください．

例題 1　ニュートン方程式と対称性

I) ニュートンの運動方程式では，時間推進に対する対称性はどのような条件があれば成り立つか．平行移動に対する対称性についてはどうか．

II) 回転に対する対称性はどのような条件があれば成り立つか．

考え方

I) 時間推進に対する対称性とは，時間の原点を変えても法則が変わらないということである．つまり，時間を今日の昼12時をゼロとしてそれから経過した時間で表しても，昨日の朝8時をゼロとしても同じであるということになる．

時間の原点をどこにとるかは我々が勝手に決められるので，それによって運動が変わってはおかしい．我々は，昨日も今日も時間は一様に進んでおり，特別な点はないと日常の観察から考えている．時間の原点を変えるというのは，式で書けば，いま使っている時間 t から，c だけずらした $t' = t + c$ に変えるということである．ニュートンの運動方程式 $md^2\mathbf{x}/dt^2 = \mathbf{F}$ では，左辺は t が微分項にしか現れないのでこの対称性が保証されており，右辺の力が問題となる．

II) 一般の回転は，2次元平面内の回転を組み合わせることで構成できるので，x-y 平面での回転について考える．

$$x' = x\cos\theta + y\sin\theta, \quad y' = -x\sin\theta + y\cos\theta, \quad z' = z. \quad (1.3)$$

‖解答‖

I) ニュートンの運動方程式は

$$m\frac{d^2\mathbf{x}}{dt^2} = \mathbf{F}.$$

ここで，t は時間，m は質量，$\mathbf{x}$ は位置，$\mathbf{F}$ は力を表す．

時間推進の運動方程式への影響を調べるために

ワンポイント解説

・t は time の略で時間，m は mass の略で質量，$\mathbf{F}$ は force の略で力となる．英語圏の学生は楽ですね．

$$t' = t + c$$

と時間の原点をずらす．c は定数．

$$m\frac{d^2\mathbf{x}}{dt'^2} = m\frac{d}{dt'}\left(\frac{d}{dt'}\mathbf{x}\right) = m\frac{dt}{dt'}\frac{d}{dt}\left(\frac{dt}{dt'}\frac{d}{dt}\mathbf{x}\right)$$
$$= m\frac{d}{dt}\left(\frac{d}{dt}\mathbf{x}\right) = m\frac{d^2\mathbf{x}}{dt^2}.$$

- $\frac{dt}{dt'} = \frac{d(t'-c)}{dt'}$
  $= 1$

つまり，ニュートンの運動方程式の左辺は t から t' への時間推進変換に対して不変である．よって，もし右辺の力 $\mathbf{F}$ が時間をずらしても変わらない場合には，ニュートンの運動方程式は時間推進という変換に対して不変であり，エネルギーが保存される．

次に平行移動に対する対称性について，

$$x' = x + c_x, \quad y' = y + c_y, \quad z' = z + c_z$$

と空間の座標の原点をずらす変換を考える．c_x, c_y, c_z は定数．ベクトルで書けば

$$\mathbf{x}' = \mathbf{x} + \mathbf{c}. \tag{1.4}$$

$$\frac{d\mathbf{x}'}{dt} = \frac{d(\mathbf{x}+\mathbf{c})}{dt} = \frac{d\mathbf{x}}{dt} \tag{1.5}$$

なので，当然

$$\frac{d^2\mathbf{x}'}{dt^2} = \frac{d^2\mathbf{x}}{dt^2}. \tag{1.6}$$

- ワイルの「ある変換をほどこしても変わらない性質」と定義された対称性の観点で見ると，$\mathbf{F}$ が時間推進に対して不変のとき，ニュートンの運動方程式は時間推進変換に対して対称であるということになる．

つまり，ニュートンの運動方程式の左辺は空間の平行移動変換 (1.4) に対して不変である．したがって，もし力 $\mathbf{F}$ がこの平行移動に対して形を変えなければ，ニュートンの運動方程式は不変になり，ネーターの定理から運動量は保存される．たとえば，力が2点間の距離で決まる場合は，（平行移動

しても 2 点間の距離は変わらないので）力 **F** はこの平行移動に対して形を変えない．

II) 式 (1.3) を時間で 2 階微分し，m をかければ，

$$m\frac{d^2 x'}{dt^2} = m\cos\theta\frac{d^2 x}{dt^2} + m\sin\theta\frac{d^2 y}{dt^2},$$

$$m\frac{d^2 y'}{dt^2} = -m\sin\theta\frac{d^2 x}{dt^2} + m\cos\theta\frac{d^2 y}{dt^2},$$

$$m\frac{d^2 z'}{dt^2} = m\frac{d^2 z}{dt^2}.$$

$m\frac{d^2 x}{dt^2} = F_x$, $m\frac{d^2 y}{dt^2} = F_y$, $m\frac{d^2 z}{dt^2} = F_z$ なので

$$m\frac{d^2 x'}{dt^2} = F_x \cos\theta + F_y \sin\theta,$$

$$m\frac{d^2 y'}{dt^2} = -F_x \sin\theta + F_y \cos\theta,$$

$$m\frac{d^2 z'}{dt^2} = F_z.$$

したがって，力 F を

$$F'_x = F_x \cos\theta + F_y \sin\theta \tag{1.7}$$

$$F'_y = -F_x \sin\theta + F_y \cos\theta \tag{1.8}$$

$$F'_z = F_z \tag{1.9}$$

と変換すれば，

$$m\frac{d^2 x'}{dt^2} = F'_x,$$

$$m\frac{d^2 y'}{dt^2} = F'_y,$$

$$m\frac{d^2 z'}{dt^2} = F'_z$$

となり，ニュートンの運動方程式は不変になる．これは，力も座標と同じように式 (1.3) に従って変換する，すなわちベクトルであるということを意味している．

・x-y 平面での回転は

$$x' = x\cos\theta + y\sin\theta$$
$$y' = -x\sin\theta + y\cos\theta$$

と書けることを思い出そう．z 軸の周りの回転になるので z は変化せず，$z' = z$．これを行列とベクトルで書けば

$$\begin{pmatrix} x' \\ y' \end{pmatrix} = \begin{pmatrix} \cos\theta & \sin\theta \\ -\sin\theta & \cos\theta \end{pmatrix} \times \begin{pmatrix} x \\ y \end{pmatrix}.$$

例題1の発展問題

1-1. $\mathbf{x}' = \mathbf{x} + \mathbf{v}t$ という変換に対しても，ニュートン運動方程式の左辺は不変であることを示せ．ただし，$\mathbf{v}$ は定数ベクトルとする．

1-2. $\mathbf{x}' = \mathbf{x} + \mathbf{v}t$ を時間 t で微分することにより，$\mathbf{x}'$，$\mathbf{x}$ という座標系をもつシステムは互いにどのような関係にあるかを考察せよ．

1-3. もし $\mathbf{v}$ が定数ベクトルでないと，ニュートン方程式の不変性はなぜ成り立たないか．

例題 2　直交行列

変換

$$\mathbf{x}' = \begin{pmatrix} x' \\ y' \\ z' \end{pmatrix} = \begin{pmatrix} a_{11} & a_{12} & a_{13} \\ a_{21} & a_{22} & a_{23} \\ a_{31} & a_{32} & a_{33} \end{pmatrix} \begin{pmatrix} x \\ y \\ z \end{pmatrix} = A\mathbf{x} \quad (1.10)$$

が，2点間の距離を不変にするとき直交変換と呼ばれ，行列 A を直交行列という．直交行列はどのような条件を満たさなければならないか．

考え方

2点間の距離が不変のとき，原点からの距離も変換の前後で変わらないことが必要である．すなわち $|\mathbf{x}| = |\mathbf{x}'|$，したがって $|\mathbf{x}|^2 = |\mathbf{x}'|^2$．この条件から A の条件を求める．

直交変換は，内積を不変にする変換として定義することもできる．

解答

ベクトル $\mathbf{x}'$ の大きさの二乗は

$$|\mathbf{x}'|^2 = x'^2 + y'^2 + z'^2 = (x', y', z') \begin{pmatrix} x' \\ y' \\ z' \end{pmatrix} = {}^t\mathbf{x}'\mathbf{x}'$$

であり，${}^t\mathbf{x}' = {}^t(A\mathbf{x}) = {}^t\mathbf{x}\,{}^tA$ なので，

$$|\mathbf{x}'|^2 = {}^t\mathbf{x}\,{}^tAA\mathbf{x}$$

これが $|\mathbf{x}|^2 = {}^t\mathbf{x}\mathbf{x}$ に等しくなければならないので，

$$ {}^tAA = I. \quad (1.11)$$

ここで，I は単位行列

ワンポイント解説

・上付きの t「^{t}」は行と列を入れ換える「転置」．ベクトルの場合は縦ベクトルが横ベクトルになる．

$$I = \begin{pmatrix} 1 & 0 & 0 \\ 0 & 1 & 0 \\ 0 & 0 & 1 \end{pmatrix}. \quad (1.12)$$

逆に,式 (1.11) が成り立てば,$|\mathbf{x}'|^2 = |\mathbf{x}|^2$ であり,$|\mathbf{x}'|$ と $|\mathbf{x}|$ は正だから,

$$|\mathbf{x}'| = |\mathbf{x}|.$$

つまり,ベクトル $\mathbf{x}$ の長さは変わらない.式 (1.11) の両辺の行列式を計算すると,左辺は

$$\det {}^t\!AA = \det {}^t\!A \det A = (\det A)^2$$

右辺は $\det I = 1$.ゆえに

$$\det A = \pm 1.$$

> 行列の積の行列式は行列式の積,つまり $\det AB = \det A \det B$ であること,転置行列の行列式はもとの行列の行列式に等しい $\det {}^t\!A = \det A$ となることを使っている.

例題 2 の発展問題

2-1. $\mathbf{x}' = A\mathbf{x}$, $\mathbf{y}' = A\mathbf{y}$ とする.行列 A が ${}^t\!AA = I$ を満たすときには内積が不変であること,つまり $\mathbf{x}' \cdot \mathbf{y}' = \mathbf{x} \cdot \mathbf{y}$ であることを示せ.

このとき,2 つのベクトルのなす角度が不変になる.特に直交する 2 つのベクトルは変換後も直交する.

2-2. 「回転」,「座標反転」を

$$\mathbf{x}' = A\mathbf{x} \quad (1.13)$$

という形で書くと,それぞれの変換で

$$A = \begin{pmatrix} a_{11} & a_{12} & a_{13} \\ a_{21} & a_{22} & a_{23} \\ a_{31} & a_{32} & a_{33} \end{pmatrix} \quad (1.14)$$

はどのような形になるか.

2-3. 上のような 3 行 3 列の行列に対し

$$|A| = a_{11}a_{22}a_{33} + a_{12}a_{23}a_{31} + a_{13}a_{21}a_{32}$$
$$- a_{11}a_{23}a_{32} - a_{12}a_{21}a_{33} - a_{13}a_{22}a_{31} \tag{1.15}$$

を行列 A の行列式という．

「回転」，「座標反転」のそれぞれの変換の行列の行列式の値を求めよ．

2-4. z だけが座標反転する変換

$$\begin{pmatrix} x' \\ y' \\ z' \end{pmatrix} = \begin{pmatrix} x \\ y \\ -z \end{pmatrix} \tag{1.16}$$

の行列 A とその行列式 $|A|$ を求めよ．

例題3 ガリレイ変換と不変性

互いに等速直線運動で変換している慣性系から慣性系への変換をガリレイ変換という．ニュートンの運動方程式がガリレイ変換に対して不変である[2]ためには，力はどのように変換しなければならないか．

考え方

慣性系というのは本当に存在するのだろうかと考え始めると，なかなか難しい問題で眠れなくなるかもしれない（そして皆さんもぜひ一度考えてみて下さい！）．地球は回転しているのでコリオリの力が働き，フーコーの振り子は回る．したがって地上は厳密には慣性系ではない．太陽系も動いているし，銀河も動いているし…

ニュートンはその第一法則で

> 外部から力を加えられない限り，静止している物体は静止状態を続け，運動している物体は等速直線運動を続ける

と述べた．第二法則

$$m\frac{d^2\mathbf{x}}{dt^2} = \mathbf{F} \tag{1.17}$$

で $\mathbf{F} = \mathbf{0}$ とすれば $\mathbf{v} = \frac{d\mathbf{x}}{dt}$ として $\frac{d\mathbf{v}}{dt} = \mathbf{0}$ だからあたりまえじゃないかと思ったことはないだろうか．この第一法則は，このようなことが成り立つような系が存在するということをまず前提としよう，と言っている．したがって，「慣性系」とはニュートンの運動方程式の第一法則が成り立つ系ということができる．

2つの慣性系を K，K' とし，K から見ると K' は速度 $-\mathbf{v}$ で，K' から見ると K は速度 $\mathbf{v}$ で動いているとする．このとき，K' の座標 $\mathbf{x}'$ と K の座標 $\mathbf{x}$ との間の関係は，例題1の発展問題で勉強したように，

$$\mathbf{x}' = \mathbf{x} + \mathbf{v}t \tag{1.18}$$

と書ける．これがガリレイ変換である．ただし（これがだいじなのだが），$\mathbf{v}$ は時間によらない速度ベクトルである．

---

[2] 第2章では，ローレンツ変換に対して特殊相対性理論が不変であることを見ていく．

解答

式 (1.18) から $\frac{d\mathbf{x}'}{dt} = \frac{d\mathbf{x}}{dt} + \mathbf{v}$. したがって,

$$\frac{d^2 \mathbf{x}'}{dt^2} = \frac{d^2 \mathbf{x}}{dt^2}$$

であり,質量 m はガリレイ変換で不変なので,式 (1.17) の左辺はガリレイ変換後も変わらない.したがって, K 系での力 $\mathbf{F}'$ が

$$\mathbf{F}' = \mathbf{F}$$

と変換されればよい.

ガリレイ変換で距離は変わらないので,力が2点間の距離にのみ依存するときは不変になる.

ワンポイント解説

・力がある系の1点 $\mathbf{x}$ の関数であるなら,つまり $\mathbf{F}(\mathbf{x})$ としたら,絶対的な慣性系があることになるが,このようなことはない.

例題3の発展問題

3-1. 回転に対してニュートンの運動方程式が不変[3]であるためにはどのような条件が必要か.

---

[3]この章では「不変」という言葉を使った.しかし,回転した座標系ともとの座標系では加速度や力の成分の値は変わってしまう.変わらないのは方程式の「形」で,このようなときに「共変」であるという.質量は「不変」である.

重要度 ★★★

2 特殊相対性理論

図 2.1: アルバート・アインシュタイン（1879-1955）
(http://en.wikipedia.org/wiki/File:Einstein_patentoffice.jpg).

―《 内容のまとめ 》―

特殊相対性理論は，1905年のアインシュタインの論文「動いている物体の電気力学」[1]で述べられた2つの基本原理がすべてと言っても過言ではありま

---

[1] この論文はいろいろな意味で驚くべき論文でした．まず，大学にも研究所にも所属していない，スイスの特許局に勤務していた26歳の技師によって書かれたこと，この青年は物理の進歩に大きく寄与した3本の論文をこの一年間で発表したこと（3月 光電効果，5月 ブラウン運動，6月 特殊相対論），そしてこの論文は特殊相対性理論を提唱し，かつ完成した形で提示していることのいずれも，物理学の歴史で例外中の例外と言っていい事柄です．アインシュタイン自身も反響を呼び多くの批判を受けるだろうと想定していたようですが，当初はまったく注目されず失望したそうです．しかし，ベルリンのプランクがこの論文に関心をもち広く知られるようになりました．

著者は，アインシュタインが卒業したスイス連邦工科大学に勤務していたときに，学生時代

せん.

1. すべての物理法則は,すべての慣性系で同じ形である.
2. 光速は,静止した物体から発せられたか,一様な運動をしている物体から発せられたかによらず同じである.

アインシュタインは,この2つの仮定から**ローレンツ変換**を導きます.この変換は,(t,x,y,z) で記述される系 K と,それに対して速度 v で等速運動をしている系 K' の座標 (t',x',y',z') との間の関係で,次のような形をしています.

$$t' = \frac{t - vx/c^2}{\sqrt{1-\beta^2}} \tag{2.1}$$

$$x' = \frac{x - vt}{\sqrt{1-\beta^2}} \tag{2.2}$$

$$y' = y \tag{2.3}$$

$$z' = z \tag{2.4}$$

ただし $\beta = \frac{v}{c}$(c は光速)です.

第1章の例題3で考えた**ガリレイ変換**は成分で書けば

$$\begin{aligned} t' &= t \\ x' &= x - vt \\ y' &= y \\ z' &= z \end{aligned} \tag{2.5}$$

なので,似ていますが違っています.

式 (2.1)-(2.4) はベクトルと行列で書けば

のアインシュタインのアパートや,彼が卒業後職を得られずに,短期非常勤講師を務めた高校のある町を訪問しました.当時の彼がおそらく傷心を抱えてこの町を歩いたのだろうと思いながら歩いたり,ベルンの特許局を見学したり,アインシュタインの全集のこの時代の前後のページを読んだりしましたが,1905年にアインシュタインの頭の中で何が起こったのかはまったく想像がつきませんでした.

$$\begin{pmatrix} t' \\ x' \\ y' \\ z' \end{pmatrix} = \begin{pmatrix} \frac{1}{\sqrt{1-\beta^2}} & \frac{-v/c^2}{\sqrt{1-\beta^2}} & 0 & 0 \\ \frac{-v}{\sqrt{1-\beta^2}} & \frac{1}{\sqrt{1-\beta^2}} & 0 & 0 \\ 0 & 0 & 1 & 0 \\ 0 & 0 & 0 & 1 \end{pmatrix} \begin{pmatrix} t \\ x \\ y \\ z \end{pmatrix} \tag{2.6}$$

$$= \begin{pmatrix} \gamma & -\gamma\frac{v}{c^2} & 0 & 0 \\ -\gamma v & \gamma & 0 & 0 \\ 0 & 0 & 1 & 0 \\ 0 & 0 & 0 & 1 \end{pmatrix} \begin{pmatrix} t \\ x \\ y \\ z \end{pmatrix} \tag{2.7}$$

ここで，$\gamma = 1/\sqrt{1-\beta^2}$ とおきました．

第1成分を t から ct にすると，もう少し簡単な式になります．

$$\begin{pmatrix} ct' \\ x' \\ y' \\ z' \end{pmatrix} = \begin{pmatrix} \gamma & -\gamma\beta & 0 & 0 \\ -\gamma\beta & \gamma & 0 & 0 \\ 0 & 0 & 1 & 0 \\ 0 & 0 & 0 & 1 \end{pmatrix} \begin{pmatrix} ct \\ x \\ y \\ z \end{pmatrix}. \tag{2.8}$$

$\gamma \equiv \cosh\theta$ とおくと，$\sinh\theta$ と $\cosh\theta$ の関係

$$\sinh^2\theta = \cosh^2\theta - 1 = \gamma^2 - 1 = \frac{\beta^2}{1-\beta^2} = (\gamma\beta)^2 \tag{2.9}$$

を使って，ローレンツ変換は

$$\begin{pmatrix} ct' \\ x' \\ y' \\ z' \end{pmatrix} = \begin{pmatrix} \cosh\theta & -\sinh\theta & 0 & 0 \\ -\sinh\theta & \cosh\theta & 0 & 0 \\ 0 & 0 & 1 & 0 \\ 0 & 0 & 0 & 1 \end{pmatrix} \begin{pmatrix} ct \\ x \\ y \\ z \end{pmatrix} \tag{2.10}$$

という形になります．

　ここで，系 K' は K に対して x 方向に運動しているとしていますが，このことによって一般性は失いません．座標を回転して運動が x 方向になるようにとることは常にできます．また，この回転は前章で見た回転の式で記述されます．x-y 平面内の回転は

$$\begin{pmatrix} ct' \\ x' \\ y' \\ z' \end{pmatrix} = \begin{pmatrix} 1 & 0 & 0 & 0 \\ 0 & \cos\theta & \sin\theta & 0 \\ 0 & -\sin\theta & \cos\theta & 0 \\ 0 & 0 & 0 & 1 \end{pmatrix} \begin{pmatrix} ct \\ x \\ y \\ z \end{pmatrix} \quad (2.11)$$

と書けます．回転をして引き続きローレンツ変換をすることは，行列を掛け算していくことで実行できます[2]．

$x_0 \equiv ct$ とおいて

$$\begin{pmatrix} ct \\ x \\ y \\ z \end{pmatrix} = \begin{pmatrix} x_0 \\ x_1 \\ x_2 \\ x_3 \end{pmatrix} \quad (2.12)$$

とすれば

$$\begin{pmatrix} x'_0 \\ x'_1 \\ x'_2 \\ x'_3 \end{pmatrix} = \begin{pmatrix} a_{00} & a_{01} & a_{02} & a_{03} \\ a_{10} & a_{11} & a_{12} & a_{13} \\ a_{20} & a_{21} & a_{22} & a_{23} \\ a_{30} & a_{31} & a_{32} & a_{33} \end{pmatrix} \begin{pmatrix} x_0 \\ x_1 \\ x_2 \\ x_3 \end{pmatrix} \quad (2.13)$$

$$= \begin{pmatrix} \gamma & -\gamma\beta & & \\ -\gamma\beta & \gamma & & \\ & & 1 & \\ & & & 1 \end{pmatrix} \begin{pmatrix} x_0 \\ x_1 \\ x_2 \\ x_3 \end{pmatrix} \quad (2.14)$$

$$= \begin{pmatrix} \cosh\theta & -\sinh\theta & & \\ -\sinh\theta & \cosh\theta & & \\ & & 1 & \\ & & & 1 \end{pmatrix} \begin{pmatrix} x_0 \\ x_1 \\ x_2 \\ x_3 \end{pmatrix}. \quad (2.15)$$

---

[2] ローレンツ変換を繰り返すことも行列の積で表すことができ，合成した変換はそれぞれの θ を足したものになります．速度ゼロのローレンツ変換は $\theta = 0$ で単位行列になり，$\theta \to -\theta$ で与えられる逆変換は逆行列になり，ローレンツ変換は数学的には群になります．

行列の空白の $(0,2), (0,3)$ 成分などはゼロとします.

こう書くと，ローレンツ変換と回転の式 (2.11) はよく似ていますね. (0,1) 成分の $\sinh\theta$ の符号が回転のときと反対ですが，$\cos^2\theta + \sin^2\theta = 1$, $\cosh^2\theta - \sinh^2\theta = 1$ なので，こうなっていると変換の行列の行列式が 1 になり自然です.

三角関数と双曲線関数 $\sinh, \cosh$ は

$$\frac{e^{i\theta} - e^{-i\theta}}{2i} = \sin\theta, \quad \frac{e^{i\theta} + e^{-i\theta}}{2} = \cos\theta$$
$$\frac{e^{\theta} - e^{-\theta}}{2} = \sinh\theta, \quad \frac{e^{\theta} + e^{-\theta}}{2} = \cosh\theta \tag{2.16}$$

ですので，興味のある人は

$$\bar{\theta} = i\theta, \quad \bar{x}_0 = ix_0 \tag{2.17}$$

をローレンツ変換の式 (2.15) に代入し，どのくらい似てくるかやってみてください.

さて，ローレンツ変換によって座標は

$$x'_\mu = \sum_{\nu=0}^{3} a_{\mu\nu} x_\nu \tag{2.18}$$

と変換されることになります. このように変換される量を **4 元ベクトル** と呼びます.

以下，4 元ベクトル，$x = (x_0, x_1, x_2, x_3)$ を (x_0, x_i) と書いたり $(x_0, \mathbf{x})$ と書いたりします.

ここで，**固有時** τ というものを導入します. ある系で粒子が (x, y, z) から $(x+dx, y+dy, z+dz)$ まで変化したとき

$$d\tau^2 = dx_0^2 - dx_1^2 - dx_2^2 - dx_3^2 = (cdt)^2 - dx^2 - dy^2 - dz^2 \tag{2.19}$$

$$= (cdt)^2 \left(1 - (\frac{dx}{cdt})^2 - (\frac{dy}{cdt})^2 - (\frac{dz}{cdt})^2\right). \tag{2.20}$$

つまり

$$d\tau = cdt\sqrt{1 - \frac{(\mathbf{v}(t))^2}{c^2}} \tag{2.21}$$

となります．物体と一緒に動く系では $\mathbf{v} = 0$ ですから，物体と一緒に動く時計で計った時間（に c をかけたもの）になります．固有時 τ は

$$\tau = \int_A^B d\tau \tag{2.22}$$

で，その値は積分の経路によりますが，経路が同じであれば測定している慣性系にはよりません．この固有時を最大にする経路が「測地線」で一般相対論で重要な概念となります[3]．

座標 $\mathbf{x} = (x, y, z)$ が時間とともにどう変化するかを表す量が速度 $\mathbf{v} = d\mathbf{x}/dt$ ですが，4次元の座標 $x_\mu = (x_0, x_1, x_2, x_3)$ が固有時とともにどう変化するかを表す量

$$u_\mu = \frac{dx_\mu}{d\tau} \tag{2.23}$$

は **4元速度**と呼ばれます．

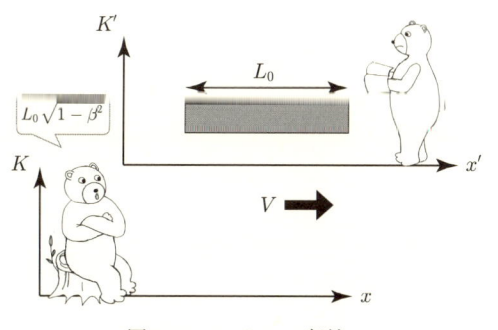

図 2.2: ローレンツ収縮．

次に，ある系 K に対して x 方向に速度 v で動いている慣性系 K' を考えます．x 方向の長さが L_0 の棒を系 K の人が測るとどのように見えるでしょうか．

---

[3] 普通は測地線は「最小」の経路ですが，ここでは $d\tau$ の符号の取り方のために「最大」となります．

K で見た棒の両端の x 座標が x_1 と x_2 だったとすると，ローレンツ変換により

$$x'_1 = \frac{x_1 - vt}{\sqrt{1-\beta^2}}, \quad x'_2 = \frac{x_2 - vt}{\sqrt{1-\beta^2}}.$$

K で観測した棒の長さ L は

$$L = x_2 - x_1.$$

K' で観測した棒の長さ L_0 は

$$L_0 = x'_2 - x'_1 = \frac{x_2 - x_1}{\sqrt{1-\beta^2}} = \frac{L}{\sqrt{1-\beta^2}}.$$

すなわち

$$L = \sqrt{1-\beta^2} L_0 \tag{2.24}$$

となり，$\sqrt{1-\beta^2}$ だけ縮んで見えます．これはローレンツ収縮と呼ばれます．

例題 4　ローレンツ変換の不変量

2つの 4 元ベクトル x, y の内積を $x \cdot y = -x_0 y_0 + x_1 y_1 + x_2 y_2 + x_3 y_3$ と定義する．この内積はローレンツ変換で不変であることを示せ．

考え方

式 (2.15) の形のローレンツ変換を使い，$(\cosh\theta)^2 - (\sinh\theta)^2 = 1$ を利用して直接計算してみよう．

解答

$$\begin{aligned}
x' \cdot y' &= -x'_0 y'_0 + x'_1 y'_1 + x'_2 y'_2 + x'_3 y'_3 \\
&= -(\cosh\theta x_0 - \sinh\theta x_1) \\
&\quad \times (\cosh\theta y_0 - \sinh\theta y_1) \\
&\quad + (-\sinh\theta x_0 + \cosh\theta x_1) \\
&\quad \times (-\sinh\theta y_0 + \cosh\theta y_1) \\
&\quad + x_2 y_2 + x_3 y_3 \\
&= -(\cosh^2\theta - \sinh^2\theta) x_0 y_0 \\
&\quad + (\cosh^2\theta - \sinh^2\theta) x_1 y_1 \\
&\quad + x_2 y_2 + x_3 y_3 \\
&= x \cdot y. \quad\quad (2.25)
\end{aligned}$$

ワンポイント解説

・双曲線関数 $\cosh\theta$（ハイパボリック・コサイン・シータ），$\sinh\theta$（ハイパボリック・サイン・シータ）は 式 (2.16) で定義される．

・$(\cosh\theta)^2 - (\sinh\theta)^2 - 1$ は式 (2.16) を左辺に代入すればすぐに得られる．

例題 4 の発展問題

4-1. $d\tau^2$ を 4 元ベクトルの内積の形に書き，固有時がローレンツ変換に対して不変であること，すなわち慣性系によらないことを示せ．

4-2. 例題 4 で $y = x$ とおくことにより

$$s^2 = -c^2 t^2 + x^2 + y^2 + z^2 \quad\quad (2.26)$$

がローレンツ変換で不変であることを示せ．

例題5　エネルギーと運動量

相対論的な運動量は

$$\mathbf{p} = \frac{m\mathbf{v}}{\sqrt{1 - v^2/c^2}}, \tag{2.27}$$

相対論的なエネルギーは

$$E = \frac{mc^2}{\sqrt{1 - v^2/c^2}} \tag{2.28}$$

で与えられる．このとき

I) 速度が光速に比べて小さい ($v/c < 1$) とき，E はどのような形をとるか．

II) $p_0 = \frac{E}{c}$ とすると，p_μ は4元ベクトルであることを示せ．

考え方

関数 $f(x)$ のテーラー展開

$$f(x) = f(x_0) + (x - x_0)f'(x_0) + \frac{1}{2!}(x - x_0)^2 f''(x_0) + \cdots \tag{2.29}$$

を使えば，ϵ が小さな量であるとき

$$(1 + \epsilon)^\alpha = 1 + \alpha\epsilon + \cdots \tag{2.30}$$

$$\sim 1 + \alpha\epsilon \tag{2.31}$$

となる．この式は物理では非常によく使われる．いま v/c が非常に小さいので，$\alpha = -1/2$, $\epsilon = -(v/c)^2$ として

$$\frac{1}{\sqrt{1 - (v/c)^2}} = \left(1 - \left(\frac{v}{c}\right)^2\right)^{-1/2} \sim 1 + \frac{1}{2}\left(\frac{v}{c}\right)^2 \tag{2.32}$$

である．

‖解答‖

I) $E \sim mc^2 \times (1 + \frac{1}{2}(\frac{v}{c})^2) = mc^2 + \frac{1}{2}mv^2$.

II) 4元速度 (2.23) を使って

$$u_\mu = \frac{dx_\mu}{d\tau} = \frac{dx_\mu}{dt}\frac{1}{c\sqrt{1-v^2/c^2}},$$

つまり

$$u_0 = c \times \frac{1}{c\sqrt{1-v^2/c^2}}, \quad (2.33)$$

$$\mathbf{u} = \mathbf{v}\frac{1}{c\sqrt{1-v^2/c^2}}. \quad (2.34)$$

式 (2.27), (2.28) と見比べて

$$p_0 = mc \times u_0, \quad (2.35)$$

$$\mathbf{p} = mc\mathbf{u}. \quad (2.36)$$

すなわち $p_\mu = mcu_\mu$ である. 4元速度は4元ベクトルなので, p_μ は4元ベクトルとなる.

ワンポイント解説

・直接 $(p_0, \mathbf{p})$ の変換性を調べ, それが4元ベクトルとして変換されることを示してもよいが, ここでは, すでに4元ベクトルであると示されている4元速度 u_μ になることを示す.

例題5の発展問題

5-1. 例題で与えられた4元ベクトル $(p_0, \mathbf{p})$ の大きさが $-(mc)^2$ であること, すなわち $p^2 = -(mc)^2$ であることを導け. ここで $p_\mu = (p_0, \mathbf{p})$.

これより, mc はローレンツ変換で不変である. 光速はローレンツ変換で変化しないので, 質量 m がローレンツ変換で不変であることがわかる.

5-2. 上の結果から逆に $E = \sqrt{(\mathbf{p}c)^2 + (mc^2)^2}$ を導け.

例題 6　実験室系と重心系

質量が等しく，4 元運動量がそれぞれ p_1, p_2 である 2 つの粒子の衝突を考える．$s = (p_1 + p_2)^2$ はローレンツ変換で不変であることを利用して，実験室系のエネルギー E_L と重心系のエネルギー E_{CM} の関係を導け．質量を m とする．

考え方

全体の運動量がゼロである重心系では，粒子 1 と粒子 2 の運動量ベクトルは大きさが同じで向きが逆になる．質量が等しいのでエネルギーは同じ．したがって粒子 1, 2 の 4 元運動量は以下の形になる．

$$p_1 = (E_{CM}/c, \mathbf{p}), \quad p_2 = (E_{CM}/c, -\mathbf{p}). \tag{2.37}$$

粒子 2 が静止している実験室系[4]では $p_2 = (mc, \mathbf{0})$ である．

また，一般に

$$E = \sqrt{(mc^2)^2 + (\mathbf{p}c)^2} \tag{2.38}$$

である．これらを使って

$$\begin{aligned} p^2 = p \cdot p &= -p_0^2 + p_1^2 + p_2^2 + p_3^2 = -p_0^2 + \mathbf{p}^2 \\ &= -(E/c)^2 + \mathbf{p}^2 = -(mc)^2. \end{aligned} \tag{2.39}$$

となる．これは 4 元ベクトルの内積なので，ローレンツ変換で不変，つまりどの系でも成り立つ．そのことを使って，重心系と実験室系の量で 4 元ベクトルの内積を計算して比較することで，2 つの系の間の量を関係つけることができる．

以下，$p = (p_0, p_1, p_2, p_3)$ を (p_0, p_i) と書いたり $(p_0, \mathbf{p})$ と書いたりする．

---

[4] かつては，「実験室」では固定させた粒子に他の粒子を衝突させていた．しかし，現在では 2 つの粒子を正面衝突させる実験も行われる．

解答

重心系では，
$$p_1 = (\frac{E_{CM}}{c}, \mathbf{p}_{CM}), p_2 = (\frac{E_{CM}}{c}, -\mathbf{p}_{CM})$$
ただし，$E_{CM} = \sqrt{(mc^2)^2 + (\mathbf{p}_{CM}c)^2}$．
$$p_1 + p_2 = (\frac{2E_{CM}}{c}, \mathbf{0}).$$
ゆえに
$$s = (p_1 + p_2)^2 = -\left(\frac{2E_{CM}}{c}\right)^2 + \mathbf{0}^2 = -\frac{4E_{CM}^2}{c^2}.$$
一方
$$s = (p_1 + p_2)^2 = p_1^2 + p_2^2 + 2p_1 \cdot p_2$$
$$= -2(mc)^2 + 2p_1 \cdot p_2.$$
実験室系で，$p_1 = (E_L/c, \mathbf{p}_L)$ とすれば
$$p_1 \cdot p_2 = -\frac{E_L}{c}mc + \mathbf{p}_L \cdot \mathbf{0} = -mE_L$$
ゆえに $s = -2m^2c^2 - 2mE_L$．
これより
$$\frac{4E_{CM}^2}{c^2} - 2m^2c^2 + 2mE_L$$
$$E_{CM}^2 = \frac{1}{2}m^2c^4 + \frac{1}{2}mc^2 E_L \tag{2.40}$$
あるいは
$$E_L = \frac{2E_{CM}^2}{mc^2} - mc^2. \tag{2.41}$$

ワンポイント解説

・ローレンツ変換に対して不変な量 s を重心系と実験室系の両方で計算して比較する．

例題6の発展問題

6-1. $mc^2 = 1\,\text{GeV}$（ギガ・エレクトロン・ボルト）の粒子を重心系で正面衝突させた．$E_{CM} = 10\,\text{GeV}$ のとき，E_L は何 GeV になるか（GeV は 10^9 エレクトロンボルト）．

例題7　速度の合成

地上で速度 V で走っている車の上から速度 v でボールを投げた．地上にいる人からみたボールの速度 u は

$$u = \frac{V+v}{1+\frac{Vv}{c^2}} \tag{2.42}$$

となることを示せ．

考え方

ガリレイ変換ではなくてローレンツ変換を使うと，つまりニュートン力学ではなく相対論で計算すると，運動は光速を超えないことを示す有名な議論である．

地上にいる人の座標系を K_0，車に固定された座標系を K，ボールに固定された座標系を K' とする．そうすると，K は K_0 に対して等速度 V で運動しており，K' は K に対して等速度 v で運動している慣性系である．

K_0 と K の間のローレンツ変換の式を書き，次に K と K' の間のローレンツ変換の式を書き，K の座標を消去することで，K_0 から K' へのローレンツ変換を求める．それから K_0 に対する K' の速度を求めていく．K_0 と K の間のローレンツ変換と K と K' の間のローレンツ変換の積は，双曲線正接関数（ハイパボリック・タンジェント）の和の公式

$$\tanh(\theta_1+\theta_2) = \frac{\tanh\theta_1 + \tanh\theta_2}{1+\tanh\theta_1\tanh\theta_2} \tag{2.43}$$

などを使えば簡単に求められる．

解答

地上にいる人の座標を (t_0, x_0, y_0, z_0) とすると，$K(t, x, y, z)$ との間のローレンツ変換は，

$$t = \frac{t_0 - \frac{V}{c^2}x_0}{\sqrt{1 - \left(\frac{V}{c}\right)^2}}, \quad x = \frac{x_0 - Vt_0}{\sqrt{1 - \left(\frac{V}{c}\right)^2}}, \quad y = y_0, \quad z = z_0.$$

K と $K'(t', x', y', z')$ の間は

$$t' = \frac{t - \frac{v}{c^2}x}{\sqrt{1 - \left(\frac{v}{c}\right)^2}}, \quad x' = \frac{x - vt}{\sqrt{1 - \left(\frac{v}{c}\right)^2}}, \quad y' = y, \quad z' = z. \tag{2.44}$$

これから，

$$x' = \frac{(x_0 - Vt_0) - v(t_0 - \frac{V}{c^2}x_0)}{\sqrt{1 - \left(\frac{v}{c}\right)^2}\sqrt{1 - \left(\frac{V}{c}\right)^2}} \tag{2.45}$$

$$= \frac{\left(1 + \frac{vV}{c^2}\right)x_0 - (V + v)t_0}{\sqrt{\left(1 - \left(\frac{v}{c}\right)^2\right)\left(1 - \left(\frac{V}{c}\right)^2\right)}} \tag{2.46}$$

$$= \frac{\left(1 + \frac{vV}{c^2}\right)\left(x_0 - \frac{V+v}{1+\frac{vV}{c^2}}t_0\right)}{\sqrt{1 - \left(\frac{v}{c}\right)^2 - \left(\frac{V}{c}\right)^2 + \left(\frac{v}{c}\right)^2\left(\frac{V}{c}\right)^2}}. \tag{2.47}$$

分母のルートの中は，

$$\left(1 + \frac{vV}{c^2}\right)^2 - \left(\frac{v}{c} + \frac{V}{c}\right)^2$$
$$= \left(1 + \frac{vV}{c^2}\right)^2 \left\{1 - \frac{1}{c^2}\left(\frac{v+V}{1+\frac{vV}{c^2}}\right)^2\right\}. \tag{2.48}$$

ゆえに，

$$x' = \frac{x_0 - \frac{v+V}{1+\frac{vV}{c^2}}t_0}{\sqrt{1 - \frac{1}{c^2}\left(\frac{v+V}{1+\frac{vV}{c^2}}\right)^2}}. \tag{2.49}$$

ワンポイント解説

・まず直接的に求めてみよう．(t, x, y, z) を (t_0, x_0, y_0, z_0)，(t', x', y', z') で表し，それを使って (t', x', y', z') を (t_0, x_0, y_0, z_0) で表す．大変な計算だが，こういう計算をやり遂げる力も大切になる．

同様に,
$$t' = \frac{t_0 - \frac{1}{c^2}\frac{V+v}{1+\frac{vV}{c^2}}x_0}{\sqrt{1 - \frac{1}{c^2}\left(\frac{v+V}{1+\frac{vV}{c^2}}\right)^2}}. \tag{2.50}$$

地上から見た K' の速度を u とすると,
$$t' = \frac{t_0 - \frac{u}{c^2}x_0}{\sqrt{1 - \left(\frac{u}{c}\right)^2}}, x' = \frac{x_0 - ut_0}{\sqrt{1 - \left(\frac{u}{c}\right)^2}}. \tag{2.51}$$

これから,
$$u = \frac{V+v}{1+\frac{Vv}{c^2}}. \tag{2.52}$$

別解

$K_0 \leftrightarrow K$ のローレンツ変換を
$$\begin{pmatrix} ct \\ x \end{pmatrix} = \begin{pmatrix} \cosh\theta_1 & -\sinh\theta_1 \\ -\sinh\theta_1 & \cosh\theta_1 \end{pmatrix} \begin{pmatrix} t_0 \\ x_0 \end{pmatrix}.$$

$K \leftrightarrow K'$ を
$$\begin{pmatrix} ct' \\ x' \end{pmatrix} = \begin{pmatrix} \cosh\theta_2 & -\sinh\theta_2 \\ -\sinh\theta_2 & \cosh\theta_2 \end{pmatrix} \begin{pmatrix} ct \\ x \end{pmatrix}$$
$$= \begin{pmatrix} \cosh\theta_2 & -\sinh\theta_2 \\ -\sinh\theta_2 & \cosh\theta_2 \end{pmatrix}$$
$$\times \begin{pmatrix} \cosh\theta_1 & -\sinh\theta_1 \\ -\sinh\theta_1 & \cosh\theta_1 \end{pmatrix} \begin{pmatrix} ct_0 \\ x_0 \end{pmatrix}$$
$$= \begin{pmatrix} \cosh(\theta_1+\theta_2) & -\sinh(\theta_1+\theta_2) \\ -\sinh(\theta_1+\theta_2) & \cosh(\theta_1+\theta_2) \end{pmatrix} \begin{pmatrix} ct_0 \\ x_0 \end{pmatrix}$$

・次にローレンツ変換を双曲線関数を使って表して,その加法定理を使った方法で同じ結果を出してみよう.

$$\begin{pmatrix} ct' \\ x' \end{pmatrix} = \begin{pmatrix} \cosh\theta & -\sinh\theta \\ -\sinh\theta & \cosh\theta \end{pmatrix} \begin{pmatrix} ct_0 \\ x_0 \end{pmatrix}$$

とすれば,

$$\theta = \theta_1 + \theta_2$$
$$\tanh\theta = \frac{\sinh\theta}{\cosh\theta} = \frac{\gamma\beta}{\gamma} = \beta = \frac{u}{c} \qquad (2.53)$$

以上より

$$\tanh\theta_1 = \frac{V}{c}, \quad \tanh\theta_2 = \frac{v}{c}.$$

ゆえに

$$\begin{aligned} \frac{u}{c} &= \tanh\theta = \tanh(\theta_1 + \theta_2) \\ &= \frac{\tanh\theta_1 + \tanh\theta_2}{1 + \tanh\theta_1 \tanh\theta_2} \\ &= \frac{\frac{V}{c} + \frac{v}{c}}{1 + \left(\frac{V}{c}\right)\left(\frac{v}{c}\right)}. \end{aligned} \qquad (2.54)$$

すなわち

$$u = \frac{V + v}{1 + \frac{Vv}{c^2}}. \qquad (2.55)$$

・双曲線関数の加法定理を使っている.

・cosh, sinh の加法定理はその定義 (2.16) から導くこともできるが, $\sin(\alpha+\beta)$, $\cos(\alpha+\beta)$ について加法定理を書き下し $\alpha = i\bar{\alpha}$, $\beta = i\bar{\beta}$ を代入して $\cos(i\bar{\alpha}) = \cosh(\bar{\alpha})$, $\sin(i\bar{\alpha}) = i\sin(\bar{\alpha})$ を使えばすぐ求まる.

例題 7 の発展問題

7-1. 車の速度が光速の半分, 車の上で投げたボールの速度も光速の半分, すなわち $V = 0.5c$, $v = 0.5c$ のとき, 地上にいる人から見たボールの速度 u を求めよ.

7-2. $V = 0.9c$, $v = 0.9c$ のとき, 地上にいる人から見たボールの速度 u を求めよ.

例題 8　光速とローレンツ変換

光速はローレンツ変換後も不変であることを示せ.

考え方

アインシュタインは，光速不変の要請からローレンツ変換を導いたが，ここでは逆を確認してみよう.

‖解答‖

ある系で原点から発射された光は，原点を中心とした球状に速度 c で拡がっていく. t 秒後にその波面が進んだ距離 $r = \sqrt{x^2 + y^2 + z^2}$ は ct なので，$ct = r$，両辺を二乗して

$$-c^2 t^2 + x^2 + y^2 + z^2 = 0.$$

ローレンツ変換で移った別の慣性系での時刻と座標を t', x', y', z' とすると，

$$-c^2 t'^2 + x'^2 + y'^2 + z'^2 = -c^2 t^2 + x^2 + y^2 + z^2.$$

したがって，$-c^2 t'^2 + x'^2 + y'^2 + z'^2 = 0$.

ワンポイント解説

・式 (2.26) を使っている.

例題 8 の発展問題

8-1. 例題 7 の速度の合成則 (2.42) を使って同じ結果が求まることを示せ.

例題 9 光円錐，時間的領域，空間的領域

$x_0 = ct$ として，光の波面
$$x_0^2 - x_1^2 - x_2^2 - x_3^2 = 0 \tag{2.56}$$
の曲面を光円錐と呼ぶ．また，$x_0^2 - x_1^2 - x_2^2 - x_3^2 > 0$ の領域を時間的領域，$x_0^2 - x_1^2 - x_2^2 - x_3^2 < 0$ の領域を空間的領域と呼ぶ．

時間的領域，空間的領域を図示せよ．

考え方

4次元の絵は描けないので，たとえば，$x_3 = 0$ の断面で切った図を描く．$x_0 = \pm 1, x_1 = x_2 = x_3 = 0$ の点は $x_0^2 - x_1^2 - x_2^2 - x_3^2 > 0$ を満たすので，この点を含む部分が時間的領域となる．未来と過去の2つの部分からなる．

解答

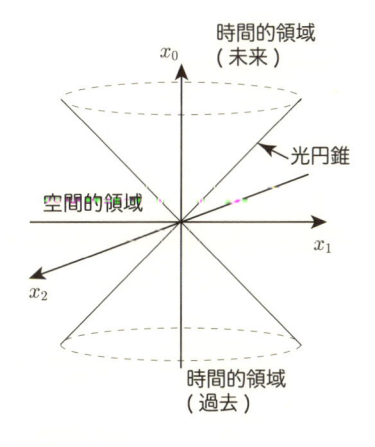

ワンポイント解説

・時間的領域は未来と過去の2つの部分からなるが，空間的領域は連結した一つの領域．

例題 9 の発展問題

9-1. $t = 0$ で $\mathbf{x} = \mathbf{0}$ にいた人は，どのような慣性系でも空間的領域には到達できないことを説明せよ．

9-2. $t = 0$ で $\mathbf{x} = \mathbf{0}$ にいた人がその場で静止している．$t > 0$ で上図のどの領域にいて，どのような軌跡を描くか．

3 マクスウェル方程式
―19世紀に完成していた相対論的場の理論―

図3.1: ジェームズ・クラーク・マクスウェル（1831-1879）．JAMES CLERK MAXWELL FOUNDATION (http://www.clerkmaxwellfoundation.org/) のご好意による．

―――《 内容のまとめ 》―――

　ファインマンは，「いまから一万年後の世界から眺めたら，19世紀の一番顕著な事件がマクスウェルによる電磁気法則の発見であったと判断されることはほとんど間違いない．アメリカの南北戦争も同じ頃のこの科学上の事件に比べ

たら色あせて一地方の取るに足らぬ事件になってしまうであろう」と言っています[1]．アメリカ人にとって南北戦争はもっとも大きな歴史的出来事のはずですから，マクスウェルの方程式がいかに重要なものと彼が考えているかわかります．

アインシュタインも，マクスウェルをニュートン以来のもっとも偉大な物理学者として尊敬し，彼の机の前の壁にはマクスウェルとファラデーとニュートンの肖像が飾ってあったそうです[2]．

電磁気学の法則であるマクスウェル方程式は，スコットランドのジェームズ・クラーク・マクスウェルによって作られました．マクスウェルは1831年に生まれ，1879年に亡くなっていますので，日本では幕末から明治の初めになります．マクスウェルの仕事は，熱力学のマクスウェル関係式，気体分子のマクスウェル分布など多岐にわたりますが，彼が作り上げたマクスウェル方程式は，電気と磁気を結びつけ，電磁波の存在がそこから導かれる重要なものです．

マクスウェル方程式は，実は相対論的に正しい式であり，アインシュタインが相対論を構築するときに大きな意味をもちました．それは時間と空間の関数である電場と磁場という「場」の理論であり，一般相対性理論の重力場の勉強の準備ともなります．また，マクスウェルはすでに電磁ポテンシャルを導入しており，マクスウェル方程式はゲージ場の理論の第一歩でもありました．

マクスウェルの理論は当時の人にとっては難しいものだったようで，式も込み入っていましたが，ヘビィサイドによって現在の形に書き改められました．

$$\mathrm{rot}\,\mathbf{E} + \frac{\partial \mathbf{B}}{\partial t} = 0 \quad \left(\boldsymbol{\nabla} \times \mathbf{E} + \frac{\partial \mathbf{B}}{\partial t} = 0\right) \quad \text{ファラデーの法則}$$

$$\frac{1}{\mu_0}\mathrm{rot}\,\mathbf{B} - \epsilon_0 \frac{\partial \mathbf{E}}{\partial t} = \mathbf{i} \quad \left(\frac{1}{\mu_0}\boldsymbol{\nabla} \times \mathbf{B} - \epsilon_0 \frac{\partial \mathbf{E}}{\partial t} = \mathbf{i}\right) \quad \text{アンペールの法則}$$

$$\mathrm{div}\,\mathbf{E} = \frac{\rho}{\epsilon_0} \quad \left(\boldsymbol{\nabla} \cdot \mathbf{E} = \frac{\rho}{\epsilon_0}\right) \quad \text{クーロンの法則}$$

$$\mathrm{div}\,\mathbf{B} = 0 \quad (\boldsymbol{\nabla} \cdot \mathbf{B} = 0)$$

$\mathbf{E}$は電場，$\mathbf{B}$は磁場で，ϵ_0, μ_0はそれぞれ真空の誘電率と透磁率です．記号

---

[1] ファインマン物理学〈3〉1-6節，岩波書店（1986）．
[2] 本書の著者の机の前には「数学が難しいなんて気にしなくていですよ．自信をもって言えますが，私の数学の困難の方がもっと大きいのです」という言葉の入ったアインシュタインのポスターが貼ってあります．

∇ は次の式 (3.1) で定義される 3 次元ベクトルです．

この式の **rot** や **div** をよく知らないという人は，次の例題 10 を丁寧にやってみてください．

この式は，電磁気のすべてを記述するもので，電磁波の存在もそこに含まれています．マクスウェル自身が，電磁波の速度を計算してそれが光速と同じであることに気がつき，光は電磁波であろうと結論しています．

この章では，特殊相対論を深く学ぶためにマクスウェル方程式を勉強していきます．また，あとの章でつまずかないように，知的体力（計算力や必要な知識）も少しずつ身につけていきます．まず，ここで出てくるベクトル解析の復習をしましょう．

マクスウェル方程式に出てくる ∇（ナブラ），div, rot, grad は以下のように定義されています．

$$\nabla = \mathbf{e}_x \frac{\partial}{\partial x} + \mathbf{e}_y \frac{\partial}{\partial y} + \mathbf{e}_z \frac{\partial}{\partial z} \tag{3.1}$$

$$\operatorname{grad} f = \nabla f = \mathbf{e}_x \frac{\partial f}{\partial x} + \mathbf{e}_y \frac{\partial f}{\partial y} + \mathbf{e}_z \frac{\partial f}{\partial z} \tag{3.2}$$

$$\begin{aligned} \operatorname{div} \mathbf{A} &= \nabla \cdot \mathbf{A} \\ &= \frac{\partial A_x}{\partial x} + \frac{\partial A_y}{\partial y} + \frac{\partial A_z}{\partial z} \end{aligned} \tag{3.3}$$

$$\begin{aligned} \operatorname{rot} \mathbf{A} &= \nabla \times \mathbf{A} \\ &= \begin{vmatrix} \mathbf{e}_x & \mathbf{e}_y & \mathbf{e}_z \\ \frac{\partial}{\partial x} & \frac{\partial}{\partial y} & \frac{\partial}{\partial z} \\ A_x & A_y & A_z \end{vmatrix} \\ &= \left(\frac{\partial A_z}{\partial y} - \frac{\partial A_y}{\partial z} \right) \mathbf{e}_x + \left(\frac{\partial A_x}{\partial z} - \frac{\partial A_z}{\partial x} \right) \mathbf{e}_y \\ &\quad + \left(\frac{\partial A_y}{\partial x} - \frac{\partial A_x}{\partial y} \right) \mathbf{e}_z \end{aligned} \tag{3.4}$$

ただし，$\mathbf{e}_x, \mathbf{e}_y, \mathbf{e}_z$ は x, y, z 軸方向の単位ベクトル，$\mathbf{A}, f$ はそれぞれ任意のベクトル，関数です．

∇ はベクトルなので ∇f もベクトル，内積の $\nabla \cdot \mathbf{A}$ は数，外積 $\nabla \times \mathbf{A}$ はベクトルになります．

例題 10　勾配，発散，回転

gradは「グラディエント」あるいは「勾配」，divは「ダイバージェンス」あるいは「発散」，rotは「ローテーション」あるいは「回転」と呼ばれる．

I) それはなぜか．

II) ポアソン方程式[3]

$$\frac{\partial^2 f}{\partial x^2} + \frac{\partial^2 f}{\partial y^2} + \frac{\partial^2 f}{\partial z^2} = \rho \tag{3.5}$$

を ∇ を使って表せ．またこれを差分方程式にすることにより，その意味を考察せよ．

考え方

微分，特に偏微分の入っている式は，差分方程式にしてみるとたいてい意味がわかってくる．勾配はまず2次元で考えてイメージをつかもう．

解答

I) 勾配: 2次元で考えてみる．

$$\nabla f(x,y) = \left(\frac{\partial f}{\partial x}, \frac{\partial f}{\partial y}\right)$$

∇f の x 成分は関数 $f(x,y)$ の x 方向の傾き，y 成分は y 方向の傾きを表す．これより，∇f はその点での曲面の勾配の増加方向，すなわちもっとも傾斜のきつい方向を表す．

「もっとも傾斜がきつい方向」の意味を式で示しておこう．点 $\mathbf{r} = (x,y)$ とその近くの点 $\mathbf{r} + d\mathbf{r} = (x+\Delta x, y+\Delta y)$ での曲面 $z = f(x,y)$ の標高差

$$f(x+\Delta x, y+\Delta y) - f(x,y) = \frac{\partial f}{\partial x}\Delta x + \frac{\partial f}{\partial y}\Delta y$$

ワンポイント解説

・たとえば $f(x,y)$ が点 (x,y) において x 方向には変化が無く，y 方向に大きな傾斜があれば $\nabla f(x,y)$ は y 方向に向いたベクトルになる．

---

[3] 右辺がゼロの式をラプラス方程式という．ポアソン方程式もラプラス方程式も x,y,z の3次元に限ることなく，何次元でも使われる．

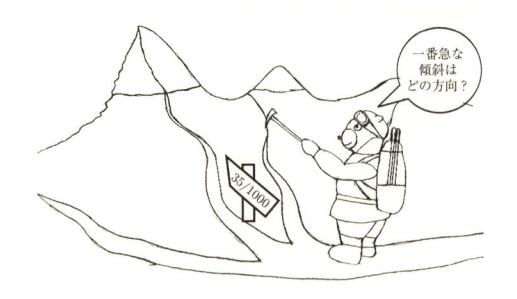

$$= \nabla f \cdot d\mathbf{r} \quad (3.6)$$

がもっとも大きくなるのはベクトル $d\mathbf{r}$ の向きが ∇f と平行のときである．したがって，∇f は曲面がもっとも急速に上昇する方向（勾配）を表す（図 3.2）．

発散: 各辺が $\Delta x, \Delta y, \Delta z$ の長さの直方体を考える．

$$\text{div} \mathbf{A} \Delta x \Delta y \Delta z = \left(\frac{\partial A_x}{\partial x} + \frac{\partial A_y}{\partial y} + \frac{\partial A_z}{\partial z} \right) \Delta x \Delta y \Delta z$$
$$= (A_x(x+\Delta x, y, z) - A_x(x, y, z))\Delta y \Delta z$$
$$+ (A_y(x, y+\Delta y, z) - A_y(x, y, z))\Delta z \Delta x$$
$$+ (A_z(x, y, z+\Delta z) - A_z(x, y, z))\Delta x \Delta y$$

この式の右辺の第1項の意味を考えてみる．ベクトル $\mathbf{A}(x,y,z)$ は空間の各点で変化していく．$\Delta y \Delta z A_x(x+\Delta x, y, z)$ は (x,y,z) から x 軸方向に Δx だけ進んだ点における $\mathbf{A}$ の x 成分の値に図 3.3 の ABCD の面積 $\Delta y \Delta z$ をかけたものである．これを面 ABCD から x 方向に出て行くベクトル $\mathbf{A}$ の量と考えることにする．同様に考えて，$\Delta y \Delta z A_x(x,y,z)$ は 面 A'B'C'D' から 直方体 ABCD-A'B'C'D' に流れ込んでくるベクトル $\mathbf{A}$ の

・∇f は f がもっとも急に増加する方向を表すということは覚えておこう．

・$\frac{\partial A_x(x,y,z)}{\partial x}$ を $\frac{A_x(x+\Delta x, y, z) - A_x(x,y,z)}{\Delta x}$ と近似している．$\frac{\partial A_y}{\partial y}, \frac{\partial A_z}{\partial z}$ についても同様

・空間のすべての (！) 点でのベクトル $\mathbf{A}(x,y,z)$ を流束（フラックス）ととらえている．

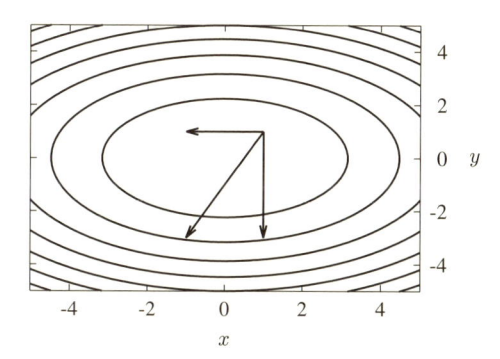

図 3.2: $z = f(x, y)$ 曲面の等高線と，ある点でのベクトル $\nabla f(x, y)$.

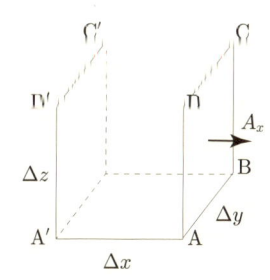

図 3.3: 発散 $\nabla \cdot \mathbf{A}$ の意味.

量である（図 3.3）．この差は，x 軸方向に流れて出ていった $\mathbf{A}$ の正味の量となる．同様に第 2 項は y 方向に，第 3 項は z 方向に出て行った量なので，これらの和 $\Delta x \Delta y \Delta z \, \mathrm{div}\, \mathbf{A}$ は，この直方体から出て行った（発散した）ベクトル $\mathbf{A}$ の量を表す．

回転: 式 (3.4) の右辺 x 成分について考えてみる．図 3.4 のように座標をとれば，

$$\Delta y \Delta z \left(\frac{\partial A_z}{\partial y} - \frac{\partial A_y}{\partial z} \right) \sim$$
$$\Delta z \left(A_z(x, y + \Delta y/2, z) - A_z(x, y - \Delta y/2, z) \right)$$
$$- \Delta y \left(A_y(x, y, z + \Delta z/2) - A_y(x, y, z - \Delta z/2) \right)$$

→ 考えている微小な長方形 ABCD の中心の点を (y, z)，線分 AB の中点を $(y, z - \Delta z/2)$，線分 BC の中点を $(x, y, z - \Delta z/2)$ というようにとっている．

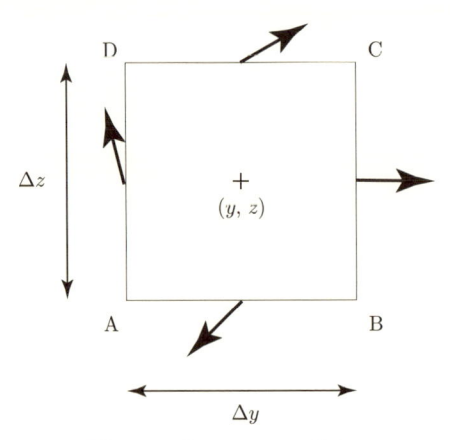

図3.4: 回転 $\nabla \times \mathbf{A}$ の意味.

$$
\begin{aligned}
&= \overrightarrow{BC} \cdot \mathbf{A}(x, y+\Delta y/2, z) \\
&\quad + \overrightarrow{CD} \cdot \mathbf{A}(x, y, z+\Delta z/2) \\
&\quad + \overrightarrow{DA} \cdot \mathbf{A}(x, y-\Delta y/2, z) \\
&\quad + \overrightarrow{AB} \cdot \mathbf{A}(x, y, z-\Delta z/2)
\end{aligned}
$$

ここで

$$
\frac{\partial A_z}{\partial y} \sim \frac{A_z(x, y+\Delta y/2, z) - A_z(x, y-\Delta y/2, z)}{\Delta y},
$$
$$
\frac{\partial A_y}{\partial z} \sim \frac{A_y(x, y, z+\Delta z/2) - A_y(x, y, z-\Delta z/2)}{\Delta z}
$$

を使った. したがって, 長方形の辺に沿ってその点でのベクトル $\mathbf{A}(x,y,z)$ と線要素の内積をとりながら一周積分したものになっている.

- $A_z = \mathbf{A} \cdot \mathbf{e}_z$,
- $A_y = \mathbf{A} \cdot \mathbf{e}_y$,
- $\Delta y \mathbf{e}_y = \overrightarrow{AB}$,
- $\Delta z \mathbf{e}_z = \overrightarrow{BC}$,
- $-\Delta y \mathbf{e}_y = \overrightarrow{CD}$,
- $-\Delta z \mathbf{e}_z = \overrightarrow{DA}$

II) 式 (3.1) において, $\mathbf{e}_x, \mathbf{e}_y, \mathbf{e}_z$ は互いに直交する大きさが1のベクトルなので,

$$
\nabla^2 f = \left(\frac{\partial^2}{\partial x^2} + \frac{\partial^2}{\partial y^2} + \frac{\partial^2}{\partial z^2} \right) f.
$$

$\mathbf{e}_x \cdot \mathbf{e}_x = \mathbf{e}_y \cdot \mathbf{e}_y = \mathbf{e}_z \cdot \mathbf{e}_z = 1$. それ以外の $i \neq j$ では $\mathbf{e}_i \cdot \mathbf{e}_j = 0$. したがって $\nabla \cdot \nabla = (\partial/\partial x)^2 + (\partial/\partial y)^2 + (\partial/\partial z)^2$.

したがって, ポアソン方程式は $\nabla^2 f = \rho$ となる.

ポアソン方程式を差分方程式にする準備のために，2階微分は差分ではどのように表されるか調べる．

$$\frac{d^2 f(x)}{dx^2} \sim \frac{1}{\Delta x}\left(\frac{df(x+\Delta x)}{dx} - \frac{df(x)}{dx}\right)$$
$$\sim \frac{1}{\Delta x}\left(\frac{f(x+\Delta x) - f(x)}{\Delta x} - \frac{f(x) - f(x-\Delta x)}{\Delta x}\right)$$
$$= \frac{1}{(\Delta x)^2}\left(f(x+\Delta x) - 2f(x) + f(x-\Delta x)\right)$$

・$df(x)/dx$ の差分近似は，
$\frac{f(x+\Delta x)-f(x)}{\Delta x}$，
あるいは
$\frac{f(x)-f(x-\Delta x)}{\Delta x}$ の
いずれでもよい．

$\rho = 0$（ラプラス方程式）の場合をまず考えてみる．左辺は x, y, z についての2階微分の和なので，上述の Δx を h と置けば

$$\nabla^2 f \sim \frac{1}{h^2}\{$$
$$f(x+h, y, z) - 2f(x, y, z) + f(x-h, y, z)$$
$$+ f(x, y+h, z) - 2f(x, y, z)$$
$$+ f(x, y-h, z) + f(x, y, z+h)$$
$$- 2f(x, y, z) + f(x, y, z-h)\}$$
$$= 0 \tag{3.7}$$

これより

$$f(x, y, z) \sim \{f(x+h, y, z) + f(x-h, y, z)$$
$$+ f(x, y+h, z) + f(x, y-h, z)$$
$$+ f(x, y, z+h) + f(x, y, z-h)\}/6. \tag{3.8}$$

・この分母の6は，
2次元 (x, y) では
4に，1次元では
2になる．

すなわち，点 (x, y, z) での f の値は，その前後の6点での値の平均になっている．

ポアソン方程式（$\rho \neq 0$）の場合は，式 (3.8) の右辺に $h^2 \rho(x, y, z)$ が加わる．

例題 10 の発展問題

10-1. $f(x,y) = -x^2 - y^2$ のときに，$\nabla f(x,y)$ を求めよ．

10-2. $\mathbf{A} = (x, y, z)$ のときに $\nabla \cdot \mathbf{A}$ を求めよ．

10-3. $\mathbf{A} = (y, \ x, 0)$ のときに $\nabla \times \mathbf{A}$ を計算せよ．x-y 平面上の点 $P = (a, b, 0)$, $Q = (a', b, 0)$, $R = (a', b', 0)$, $S = (a, b', 0)$ からなる長方形を一周する経路で $\int \mathbf{A} d\mathbf{x}$ を計算せよ（図 3.5 を参照）．

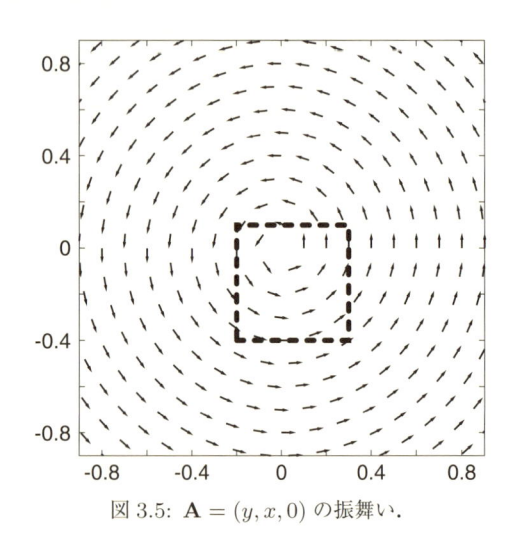

図 3.5: $\mathbf{A} = (y, x, 0)$ の振舞い．

例題 11 クーロンの法則とガウス則

マクスウェル方程式の中の

$$\nabla \cdot \mathbf{E} = \frac{\rho}{\epsilon_0} \quad (\text{div}\, \mathbf{E} = \frac{\rho}{\epsilon_0}) \tag{3.9}$$

がクーロンの法則を表していることを示せ．

考え方

例題 10 の (I) で，ベクトル $\mathbf{A}(x,y,z)$ を各点の上での流れととらえると，微小な直方体に対して $\nabla \cdot \mathbf{A} \Delta x \Delta y \Delta z$ がその直方体の各面から流れ出るベクトルに面の面積をかけたものになっていることを見た．これは一般にガウス則と言われる．図 3.6 のように，有限の大きさの領域を微小な直方体が並んだものと考えると，領域内部では面を流れ出る量と（同じ面を共有する）隣の直方体に流れ込む量は同じで相殺するので

$$\sum \nabla \cdot \mathbf{A} \Delta x \Delta y \Delta z \tag{3.10}$$

は全体の表面から流れ出るものになる．これを式で表したものが，ガウスの定理である．

$$\int \nabla \cdot \mathbf{A}(x,y,z)\, dxdydz = \int \mathbf{A}(x,y,z) \cdot \mathbf{n}\, dS \tag{3.11}$$

ただし，左辺は 3 次元領域での積分，右辺はその表面 S での面積積分で

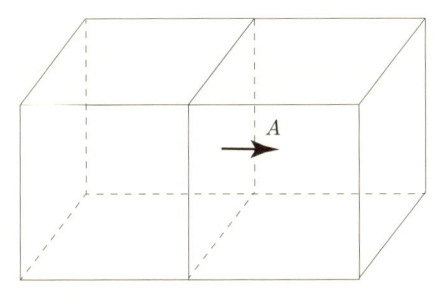

図 3.6: 左の長方形から流れ出るベクトル $\mathbf{A}$ は右の長方形に流れ込む．

ある．また，nは微小表面領域に垂直な単位ベクトルである[4]．

‖解答‖

式 (3.9) の両辺を 3 次元の領域で積分し，ガウスの定理を使えば

$$\int \mathbf{E} \cdot \mathbf{n}\, dS = \frac{1}{\epsilon_0} \int \rho\, dxdydz = \frac{1}{\epsilon_0} Q. \qquad (3.12)$$

ただし，Q はこの体積の中の全電荷．3 次元の領域として原点を中心とする半径 R の球を考え，電荷 Q が原点におかれているとする．この球の表面では電場は一定のはずである．その大きさを E とすれば

$$4\pi R^2 E = \frac{1}{\epsilon_0} Q$$

となる．ゆえに

$$E = \frac{1}{4\pi\epsilon_0} \frac{Q}{R^2}. \qquad (3.13)$$

ワンポイント解説

・マクスウェル方程式は微分で書かれているので，両辺を積分する．

・電荷密度 $\rho(x,y,z)$ は点 (x,y,z) の位置の微小体積 $\Delta x \Delta y \Delta z$ の中の電荷．したがって，それをある領域の中で積分すればその中の全電荷になる．

▎例題 11 の発展問題

11-1. 例題 11 と同じように考察することにより，マクスウェル方程式の

$$\nabla \cdot \mathbf{B} = 0 \qquad (3.14)$$

がどのような物理現象を表しているか示せ．

11-2. ストークスの定理（例題 11 の脚注）を使って，マクスウェル方程式の中のアンペールの法則が何を表しているか示せ．

---

[4] 例題 10 の 1 の回転から，表面での積分とその領域の周に対して次のストークスの定理が求まる．

$$\int (\nabla \times \mathbf{A}) \cdot \mathbf{n}\, dS = \int \mathbf{A}\, dl.$$

例題 12 電磁ポテンシャル

電磁ポテンシャル $\mathbf{A}(x,y,z,t), \phi(x,y,z,t)$ を以下のように導入する．

$$\mathbf{B} = \boldsymbol{\nabla} \times \mathbf{A} \tag{3.15}$$

$$\boldsymbol{\nabla}\phi = -\mathbf{E} - \frac{\partial \mathbf{A}}{\partial t}. \tag{3.16}$$

さらに

$$\boldsymbol{\nabla} \cdot \mathbf{A} + \frac{1}{v^2}\frac{\partial \phi}{\partial t} = 0 \tag{3.17}$$

となるようにとると[5]，電磁ポテンシャルは以下の式を満たすことを示せ．

$$\left(\frac{1}{v^2}\frac{\partial^2}{\partial t^2} \quad \frac{\partial^2}{\partial x^2} \quad \frac{\partial^2}{\partial y^2} \quad \frac{\partial^2}{\partial z^2}\right)\mathbf{A} - \mu_0 \mathbf{i} \tag{3.18}$$

$$\left(\frac{1}{v^2}\frac{\partial^2}{\partial t^2} \quad \frac{\partial^2}{\partial x^2} \quad \frac{\partial^2}{\partial y^2} \quad \frac{\partial^2}{\partial z^2}\right)\psi = \frac{1}{\epsilon_0}\rho \tag{3.19}$$

ただし，$v = \frac{1}{\sqrt{\epsilon_0 \mu_0}}$ とする．

考え方

任意のベクトル場 $\mathbf{V}(x,y,z)$ に対して $\boldsymbol{\nabla} \cdot (\boldsymbol{\nabla} \times \mathbf{V}) = 0$ なので，式 (3.15) から $\boldsymbol{\nabla} \cdot \mathbf{B} = 0$．

式 (3.15)，(3.16) より

$$\boldsymbol{\nabla} \times \mathbf{E} + \frac{\partial \mathbf{B}}{\partial t} = \boldsymbol{\nabla} \times \left(\mathbf{E} + \frac{\partial \mathbf{A}}{\partial t}\right) = -\boldsymbol{\nabla} \times \boldsymbol{\nabla}\phi = 0 \tag{3.20}$$

ここで，ベクトル解析の公式 $\boldsymbol{\nabla} \times \boldsymbol{\nabla} f(x,y,z) = 0$ を使っている．

これでマクスウェル方程式の半分が満たされているので，残りの2つの式をベクトルポテンシャル $\mathbf{A}$ とスカラーポテンシャル ϕ で表してみる．

---

[5] ベクトルポテンシャルはゲージ変換の自由度があり，このようにとることが可能である．この場合はローレンツゲージに対応する．

‖解答‖

$\frac{1}{\mu_0}\nabla\times\mathbf{B}-\epsilon_0\frac{\partial\mathbf{E}}{\partial t}=\mathbf{i}$ の $\mathbf{B}$ と $\mathbf{E}$ を電磁ポテンシャル $\mathbf{A}$ と ϕ で表せば

$$\nabla\times(\nabla\times\mathbf{A})-\epsilon_0\mu_0\frac{\partial}{\partial t}\left(-\frac{\partial\mathbf{A}}{\partial t}-\nabla\phi\right)=\mu_0\mathbf{i} \quad (3.21)$$

左辺を整理して，$\epsilon_0\mu_0=\frac{1}{v^2}$ とおくと

$$\nabla\left(\nabla\cdot\mathbf{A}+\frac{1}{v^2}\frac{\partial\phi}{\partial t}\right)+\left(\frac{1}{v^2}\frac{\partial^2}{\partial t^2}-\nabla^2\right)\mathbf{A} \quad (3.22)$$

式 (3.17) より第一項はゼロ．よって

$$\left(\frac{1}{v^2}\frac{\partial^2}{\partial t^2}-\nabla^2\right)\mathbf{A}=\mu_0\mathbf{i}. \quad (3.23)$$

これは式 (3.18) である．

最後のクーロンの法則の式は

$$\begin{aligned}\nabla\cdot\mathbf{E}&=-\nabla\cdot\left(\frac{\partial\mathbf{A}}{\partial t}\right)-\nabla^2\phi\\&=\frac{\partial}{\partial t}(-\nabla\cdot\mathbf{A})-\nabla^2\phi\\&=\frac{\partial}{\partial t}\left(\frac{1}{v^2}\frac{\partial\phi}{\partial t}\right)-\nabla^2\phi=\frac{\rho}{\epsilon_0} \quad (3.24)\end{aligned}$$

なので

$$\left(\frac{1}{v^2}\frac{\partial^2}{\partial t^2}-\nabla^2\right)\phi=\frac{1}{\epsilon_0}\rho. \quad (3.25)$$

これは式 (3.19) である．

ワンポイント解説

・ベクトル解析の公式 $\nabla\times(\nabla\times\mathbf{V})=\nabla(\nabla\cdot\mathbf{V})-\nabla^2\mathbf{V}$ を使っている．

例題12の発展問題

12-1. 例題で使ったゲージ変換を具体的に求めてみる.

1)
$$\mathbf{A}' = \mathbf{A} + \nabla \chi \tag{3.26}$$

とする. $\mathbf{A}$ も $\mathbf{A}'$ も同じ $\mathbf{B}$ を与えることを示せ.

2)
$$\phi' = \phi - \frac{\partial \chi}{\partial t} \tag{3.27}$$

とする. $\mathbf{A}'$ も ϕ' も同じ $\mathbf{E}$ を与えることを示せ.

3)
$$\nabla \cdot \mathbf{A}' + \frac{1}{c^2} \frac{\partial \phi'}{\partial t} = 0 \tag{3.28}$$

となるためには, χ はどのような条件を満たせばよいか.

例題 13　電磁波

真空中 $\mathbf{i}=0, \rho=0$ での電磁ポテンシャルの式

$$\left(\frac{1}{v^2}\frac{\partial^2}{\partial t^2} - \frac{\partial^2}{\partial x^2} - \frac{\partial^2}{\partial y^2} - \frac{\partial^2}{\partial z^2}\right)\mathbf{A} = \mathbf{0} \tag{3.29}$$

$$\left(\frac{1}{v^2}\frac{\partial^2}{\partial t^2} - \frac{\partial^2}{\partial x^2} - \frac{\partial^2}{\partial y^2} - \frac{\partial^2}{\partial z^2}\right)\phi = 0 \tag{3.30}$$

からその速度を求めよ．

考え方

マクスウェルは，自分の構築した式から電磁波を導いた．そして，その速度が光速と考えて矛盾が無いことに気がついていた．ヘルツによって電磁波が実験的に確認されたのはマクスウェルの死後 8 年経ってからである．

準備として，関数 $f(x,y)$ が

$$\frac{1}{v^2}\frac{\partial^2 f}{\partial t^2} - \frac{\partial^2 f}{\partial x^2} = 0 \tag{3.31}$$

を満たす場合にどのような振舞いになるか調べてみる．

$f(x,t)$ を x の関数としてフーリエ展開すると[6]

$$f(x,t) = \sum_k a_k(t) e^{ikx}.$$

これを式 (3.31) に代入すれば

$$\sum_k \left(\frac{1}{v^2}\frac{d^2 a_k}{dt^2} + k^2 a_k\right) e^{ikx} = 0. \tag{3.32}$$

e^{ikx} は関数空間で独立で直交する関数なので，

$$\frac{1}{v^2}\frac{d^2 a_k}{dt^2} + k^2 a_k = 0. \tag{3.33}$$

---

[6] k は境界条件で決まる．たとえば $f(x+L,t) = f(x,t)$ という周期的境界条件のときは $f(x+L,t) = \sum_k a_k(t) e^{ikx+ikL}$ が $f(x,t)$ と等しくなるためには $kL = 2\pi n$．したがって，$k = \frac{2\pi n}{L}$．L が無限大のときは k は連続になり，上の和は積分になる．

これから

$$a_k(t) = C_k e^{i\omega t} \tag{3.34}$$

ただし，$\omega = \pm vk$．

ゆえに

$$f(x,t) = \sum_k C_k e^{ik(\pm vt + x)} \tag{3.35}$$

となる．つまり，$f(x,t)$ は $F(x-vt)$，あるいは $G(x+vt)$ という関数であり，これは $F(x)$, $G(x)$ が時間とともに vt あるいは $-vt$ で進んでいくことを表すので，その速度は $\pm v$ である．

ここでの速度は，波の波面が移動していく速度で，位相速度と呼ばれるものである．

‖解答‖

「考え方」で示したように，式 (3.29), (3.30) を満たす電磁ポテンシャル $\mathbf{A}$ と ϕ は

$$e^{i(\pm \omega t + \mathbf{k} \cdot \mathbf{x})} \tag{3.36}$$

という時間，空間依存性をもつ．ただし，$\omega = v|\mathbf{k}|$ である．これは $\mathbf{k}$ 方向に速度 v で進行する波を表す．

例題 12 より，速度は $v = 1/\sqrt{\epsilon_0 \mu_0}$ で与えられる．右辺の中の真空の誘電率 ϵ_0，透磁率 μ_0 の値は

$$\epsilon_0 = 8.854 \times 10^{-12} \text{ A}^2 \cdot \text{s}^2/\text{N} \cdot \text{m}^2$$
$$\mu_0 = 1.257 \times 10^{-6} \text{ N/A}^2 \tag{3.37}$$

なので，

$$v = \frac{1}{\sqrt{\epsilon_0 \mu_0}} = 2.997 \times 10^8 \text{ m/s} \tag{3.38}$$

これは光速と一致する．

ワンポイント解説

・ここでは平面波で電磁ポテンシャルを展開している．境界条件によっては球面波による展開の方がよいこともある．

・A = Ampere
   （アンペア），
  s = sec（秒），
  N = Newton
   （ニュートン）．

例題 13 の発展問題

13-1. 誘電率 ϵ, 透磁率 μ に対し, 真空の誘電率, 透磁率との比 ϵ/ϵ_0, μ/μ_0 を比誘電率, 比透磁率という.

空気の比誘電率は 1.000536, ダイアモンドの比誘電率は 5.68 である [17]. 比透磁率を 1 として, それぞれの物質の中での電磁波の速度 v と真空中での光速との比 v/c を計算せよ.

コラム

現代物理学でもっとも重要な「ネーターの定理」は 1915 年に「女性への高等教育が始まって以来の最高の天才数学者 (アインシュタイン)」エミー・ネータによって証明されました.

第 5 章で学ぶ一般相対論の式は, アインシュタインテンソルとエネルギー運動量テンソルの関係式です. その章の例題でやるように, 我々はビアンキ恒等式を使って, アインシュタインテンソルが求めるテンソルとしての条件を満たしていることを簡単に示すことができます. しかし, 一般相対性理論の構築で激しい競争をしていた 1915〜1916 年頃, アインシュタインもヒルベルトも, 1902 年にビアンキによって導かれたこの恒等式を知らなかったようです. アインシュタインはいったんはこのようなテンソルは存在しないと結論してしまうのですが, さらに検討を続け, 本当にタッチの差でヒルベルトより早く正しい答えにたどりつきます.

ネーターはこのときにヒルベルトと同じ大学にいて, ネーターの定理を完成させた年でした. ネーターの定理とビアンキ恒等式は密接な関係がありますから, もしヒルベルトがネーターに相談していたら, 彼女はただちにこのテンソルを見つけたかもしれません. もしそうなっていたら, 一般相対性理論の式はアインシュタイン方程式ではなく, ヒルベルト・ネータ方程式と呼ばれていたのだろうかとネーターの写真を見ると思ってしまいます.

例題 14　重力ポテンシャル

I) 静電場中では
$$\nabla^2 \phi = -\frac{1}{\epsilon_0}\rho \tag{3.39}$$
となることを示せ.

II) 物質が作る引力中のニュートンの運動方程式は
$$\nabla^2 \phi = 4\pi G\rho \tag{3.40}$$
と書けることを示せ. ただし, G は万有引力定数, ρ は物質の質量密度であり, ポテンシャル ϕ は
$$\nabla\phi = -\frac{1}{m}\mathbf{F} \tag{3.41}$$
を満たす.

考え方

式 (3.39) は静電ポテンシャル (電位), 式 (3.40) は引力のポテンシャル (位置エネルギー) であり, 両者は別のものだが, どちらもポアソン方程式を満たす. そしてその勾配をとることでベクトル場が得られる.

第 5 章の例題 24 で, アインシュタイン方程式 (重力の方程式) は, 重力が弱いときに式 (3.40) になることが示される.

I) 式 (3.16) より, 静電場中では
$$\mathbf{E} = -\boldsymbol{\nabla}\phi. \tag{3.42}$$

II) 力はポテンシャル ϕ で
$$\mathbf{F} = -\boldsymbol{\nabla}\phi \tag{3.43}$$
と書かれる. 引力は
$$\mathbf{F} = -\frac{mMG}{r^2}\mathbf{e}_r \tag{3.44}$$
ただし, $\mathbf{e}_r = \frac{\mathbf{r}}{r}$ は $\mathbf{r}$ 方向 (動径方向) の単位ベクトル.

‖解答‖

I) マクスウェル方程式より

$$\nabla \cdot \mathbf{E} = \frac{\rho}{\epsilon_0}. \tag{3.45}$$

式 (3.42) を代入して

$$\nabla^2 \phi = -\frac{\rho}{\epsilon_0}. \tag{3.46}$$

II) 式 (3.40) を質量 M の物質を原点とした半径 r の球で積分する．

$$\text{左辺} = \int \nabla(\nabla\phi) dxdydz = \int (\nabla\phi) \cdot d\mathbf{S}$$

$$= -\frac{1}{m} \int \mathbf{F} d\mathbf{S} = -\frac{1}{m} 4\pi r^2 \mathbf{F} \cdot \mathbf{e}_r \tag{3.47}$$

$$\text{右辺} = 4\pi G \int \rho dxdydz = 4\pi GM. \tag{3.48}$$

これより

$$\mathbf{F} \cdot \mathbf{e}_r = -\frac{GmM}{r^2}. \tag{3.49}$$

ワンポイント解説

→ 左辺の計算ではガウスの定理 (3.11) を使っている．また，原点にある質点の作る引力は半径 r だけの関数であり，r = 一定の球の表面上では定数であることを使っている．

┃例題 14 の発展問題┃

14-1. 例題 10(II) を参考に例題 14 の 2 つのポアソン方程式の物理的意味を議論せよ．

例題 15　電荷保存則

電流 $\mathbf{i}(x,y,z,t)$ と電荷密度 $\rho(x,y,z,t)$ の満たす次の式は電荷保存則と呼ばれる．

$$\nabla \cdot \mathbf{i} + \frac{\partial \rho}{\partial t} = 0 \tag{3.50}$$

I) これが電荷保存則と呼ばれるのはなぜか．

II) ローレンツ変換に対し，電流 $\mathbf{i}$ と $i_0 = \rho$ が4元ベクトルとして変換することを示せ．ただし，ρ は電荷密度である．

考え方

I) 両辺を空間積分し，ガウスの定理を使う．

II) 点 (x,y,z) の周りの微小空間の中の電荷量 $\rho(x,y,z)dxdydz$ は座標が動いていても変化しないと仮定する．

‖解答‖

I) 式 (3.50) の両辺を積分する．

$$\int \nabla \cdot \mathbf{i}\, dxdydz + \int \frac{\partial \rho}{\partial t} dxdydz$$
$$= \int \mathbf{i} \cdot d\mathbf{S} + \frac{\partial}{\partial t} \int \rho\, dxdydz$$
$$= 0. \tag{3.51}$$

積分領域内の全電価を Q とすれば，

$$Q = \int \rho\, dxdydz \tag{3.52}$$

なので，

$$\frac{\partial}{\partial t} Q = -\int \mathbf{i}(x,y,z,t) \cdot d\mathbf{S}. \tag{3.53}$$

つまり，t から $t+\Delta t$ の間の時間に増加する Q の量（左辺）は，そのときに領域の表面から入ってくる電流（右辺）に等しい．電荷の保存が成り立って

ワンポイント解説

・ガウスの定理を使っている．

・表面の微小面積のベクトル $d\mathbf{S}$ は領域の外向きが正であり，右辺でマイナスがついているので $\mathbf{i} \cdot d\mathbf{S}$ は領域の中に入ってくる電流の量を表す．

いれば成り立つべき式となる．

II) 慣性系 K で電荷が速度 $\mathbf{v}$ で動いているとする．電荷とともに動く系 K' での密度を ρ_0 とするとローレンツ収縮 (2.24) により，$dx = dx' \cosh\theta$．$\rho dx = \rho_0 dx'$ なので

$$\rho = \frac{\rho_0}{\cosh\theta}. \qquad (3.54)$$

電流は $\mathbf{i} = \rho\mathbf{v}$ なので，式 (3.54) を代入し，成分ごとに書けば

$$i_x = \rho\frac{dx}{dt} = \frac{\rho_0}{\cosh\theta}\frac{dx}{dt} = \rho_0\frac{dx}{d\tau},$$
$$i_y = \rho\frac{dy}{dt} = \rho_0\frac{dy}{d\tau}, \qquad (3.55)$$
$$i_z = \rho\frac{dz}{dt} = \rho_0\frac{dz}{d\tau}, \qquad (3.56)$$
$$i_0 = \rho = \frac{\rho_0}{\cosh\theta} = \rho_0\frac{cdt}{d\tau}. \qquad (3.57)$$

したがって，(i_0, i_x, i_y, i_z) は 4 元ベクトルとして変換する．

・固有時 $d\tau$ (2.21)，4 元速度 (2.23) の定義を使っている．

$d\tau$ は不変，(cdt, dx, dy, dz) は 4 元ベクトル．

例題 15 の発展問題

15-1. $j_1 = j_x, j_2 = j_y, j_3 = j_z$ および $j_0 = c\rho$ とする．このとき，$\partial = (\frac{\partial}{\partial x}, \frac{\partial}{\partial y}, \frac{\partial}{\partial z}, \frac{\partial}{\partial ct})$ とすると，電荷保存則はどのような形になるか．

例題 16　マクスウェル方程式とローレンツ変換

I)　電場 E と磁場 B を以下のように組み合わせたものを考える．

$$(F_{\mu\nu}) = \begin{pmatrix} 0 & E_x & E_y & E_z \\ -E_x & 0 & cB_z & -cB_y \\ -E_y & -cB_z & 0 & cB_x \\ -E_z & cB_y & -cB_x & 0 \end{pmatrix} \quad (3.58)$$

この $F_{\mu\nu}$ は，ローレンツ変換に対して

$$F'_{\mu\nu} = \sum_\alpha \sum_\beta a_{\mu\alpha} a_{\nu\beta} F_{\alpha\beta} \quad (3.59)$$

で変換される**電磁場テンソル**になる．
ローレンツ変換行列 $a_{\mu\nu}$ が

$$A = (a_{\mu\nu}) = \begin{pmatrix} \gamma & -\gamma\beta & 0 & 0 \\ -\gamma\beta & \gamma & 0 & 0 \\ 0 & 0 & 1 & 0 \\ 0 & 0 & 0 & 1 \end{pmatrix} \quad (3.60)$$

で与えられるとき[7]，電場 **E**，磁場 **B** はどのように変換されるか．

II)　電磁場が上のように変換されるとき，マクスウェル方程式の第一式（ファラデーの法則）

$$\nabla \times \mathbf{E} + \frac{\partial \mathbf{B}}{\partial t} = \mathbf{0} \quad (3.61)$$

がローレンツ変換に対して共変である（形を変えない）ことを示せ．

考え方

I)　式 (3.59) は行列の要素の添字 α, β, μ, ν を見ると

$$F' = A F\,{}^t A \quad (3.62)$$

---

[7] 変換 (2.14) と同じ．

と書ける．${}^tA$ は行列 A の行と列を入れ換えた転置行列．A は対称行列なので ${}^tA = A$．よって，

$$F' = AFA. \tag{3.63}$$

電磁場テンソルは反対称なので ${}^tF = -F$．これより

$${}^t(F') = {}^tA\,{}^tF\,{}^tA = A(-F)A = -AFA = -F'. \tag{3.64}$$

つまり，F' も反対称行列なので，上半分あるいは下半分を計算すればよい．

II) マクスウェル方程式は，ローレンツ変換に対して共変（方程式の形が不変）な理論であった．このマクスウェル方程式の共変性から，静止したエーテル中を動く地球上での光速の測定から地球の速度を得ようという試みは無意味であることを我々は知っている．しかし歴史的には，エーテルに対する運動が検出できないことを説明するために，ローレンツは，動いている物体は収縮していると考え，さらにマクスウェル方程式を不変にするためにローレンツ変換を求めた．ポアンカレはその意味を正確に把握していたと思われる[8]．第 2 章の「内容のまとめ」にあるように，アインシュタインが「物理法則はすべての慣性系で同じになり，静止した物体から発せられたか一様な運動をしている物質から発せられたかによらず光速が同じである」という要請だけをおいてローレンツ変換を導き，特殊相対性理論として完成させた．

　我々はこの例題の (I) で電場 $\mathbf{E}(\mathbf{x},t)$ と磁場 $\mathbf{B}(\mathbf{x},t)$ がローレンツ変換でどのように変化するか知り，例題 15 で電流 $\mathbf{i}(\mathbf{x},t)$ と電荷 $\rho(\mathbf{x},t)$ がローレンツ変換で 4 元ベクトルとして変換することを知った．ローレンツ変換で結ばれる x,y,z,t と x',y',z',t' の間には

---

[8] ポアンカレは深くこの問題を考え，アインシュタインも特殊相対性理論を完成させる前にポアンカレの「科学と仮説」をベルンで友人たちと精読していた．この本は現在も岩波文庫で手に入り，著者も学生時代に読んで感激したものである．

例題 16　マクスウェル方程式とローレンツ変換　53

$$\begin{pmatrix} ct' \\ x' \\ y' \\ z' \end{pmatrix} = A \begin{pmatrix} ct \\ x \\ y \\ z \end{pmatrix}, \quad \begin{pmatrix} ct \\ x \\ y \\ z \end{pmatrix} = A^{-1} \begin{pmatrix} ct' \\ x' \\ y' \\ z' \end{pmatrix} \tag{3.65}$$

という関係があるので，偏微分の公式

$$\frac{\partial}{\partial x'^\mu} = \sum_{\nu=0}^{3} \frac{\partial x^\nu}{\partial x'^\mu} \frac{\partial}{\partial x^\nu} \tag{3.66}$$

に $x^\nu = \sum_\lambda (A^{-1})_{\nu\lambda} x^\lambda$ を代入すれば，x', y', z', t' でのファラデーの法則の式に現れる $\nabla' \times$ と $\partial/\partial t'$ の部分がわかる．A^{-1} は逆ローレンツ変換なので，A の中の速度の向きを反対にすることで（$\beta \to -\beta$ とすることで）求まる．

$$\begin{aligned} \frac{\partial}{\partial t'} &= \gamma \frac{\partial}{\partial t} + \gamma v \frac{\partial}{\partial x} \\ \frac{\partial}{\partial x'} &= \gamma \frac{v}{c^2} \frac{\partial}{\partial t} + \gamma \frac{\partial}{\partial x}. \end{aligned} \tag{3.67}$$

‖解答‖

1) $F' = AFA$

$= \begin{pmatrix} \gamma & -\gamma\beta & 0 & 0 \\ -\gamma\beta & \gamma & 0 & 0 \\ 0 & 0 & 1 & 0 \\ 0 & 0 & 0 & 1 \end{pmatrix}$

$\times \begin{pmatrix} 0 & E_x & E_y & E_z \\ -E_x & 0 & cB_z & -cB_y \\ -E_y & -cB_z & 0 & cB_x \\ -E_z & cB_y & -cB_x & 0 \end{pmatrix}$

‖ワンポイント解説‖

$$\times \begin{pmatrix} \gamma & -\gamma\beta & 0 & 0 \\ -\gamma\beta & \gamma & 0 & 0 \\ 0 & 0 & 1 & 0 \\ 0 & 0 & 0 & 1 \end{pmatrix}$$

$$= \begin{pmatrix} 0 & E_x & \gamma E_y - \gamma\beta cB_z & \gamma E_z + \gamma\beta cB_y \\ . & 0 & -\gamma\beta E_y + \gamma cB_z & -\gamma\beta E_z + \gamma cB_y \\ . & . & 0 & cB_x \\ . & . & . & 0 \end{pmatrix}.$$

これから

$$E'_x = E_x$$
$$E'_y = \gamma(E_y - vB_z)$$
$$E'_z = \gamma(E_z + vB_y)$$
$$B'_x = B_x$$
$$B'_y = \gamma(B_y + \beta/cE_z)$$
$$B'_z = \gamma(B_z - \beta/cE_y).$$

・$\beta c = v$ を使っている.

II) ファラデーの法則が $K'(t', x', y', z')$ 系でも成り立つ, すなわち

$$\nabla' \times \mathbf{E}' + \frac{\partial \mathbf{B}'}{\partial t'} = \mathbf{0} \qquad (3.68)$$

が成り立つことを示せばよい. 成分で書けば,

$$\frac{\partial E'_z}{\partial y'} - \frac{\partial E'_y}{\partial z'} + \frac{\partial B'_x}{\partial t'} = 0$$
$$\frac{\partial E'_x}{\partial z'} - \frac{\partial E'_z}{\partial x'} + \frac{\partial B'_y}{\partial t'} = 0$$
$$\frac{\partial E'_y}{\partial x'} - \frac{\partial E'_x}{\partial y'} + \frac{\partial B'_z}{\partial t'} = 0. \qquad (3.69)$$

第一式の左辺は,

例題 16 マクスウェル方程式とローレンツ変換

$$\frac{\partial}{\partial y}\gamma(E_z + vB_y) - \frac{\partial}{\partial z}\gamma(E_y - vB_z)$$
$$+ \left(\gamma\frac{\partial}{\partial t} + \gamma v\frac{\partial}{\partial x}\right)B_x$$
$$= \gamma\left(\frac{\partial E_z}{\partial y} - \frac{\partial E_y}{\partial z} + \frac{\partial B_x}{\partial t}\right)$$
$$+ \gamma v\left(\frac{\partial B_y}{\partial y} + \frac{\partial B_z}{\partial z} + \frac{\partial B_x}{\partial x}\right)$$
$$= \gamma\left(\nabla \times \mathbf{E} + \frac{\partial \mathbf{B}}{\partial t}\right)_x + \gamma v(\nabla \cdot \mathbf{B}). \quad (3.70)$$

$K(t, x, y, z)$ 系ではマクスウェル方程式が成り立っており

$$\nabla \times \mathbf{E} + \frac{\partial \mathbf{B}}{\partial t} = 0$$
$$\nabla \cdot \mathbf{B} = 0 \quad (3.71)$$

が成り立つので式 (3.70) はゼロ．同様にして y, z 成分もゼロになる．したがって

$$\nabla' \times \mathbf{E}' + \frac{\partial \mathbf{B}'}{\partial t'} = \mathbf{0}. \quad (3.72)$$

例題 16 の発展問題

16-1. パリティ変換で符号が変わらないベクトルを軸性ベクトルという．電場は通常のベクトルで，磁場は軸性ベクトルである．パリティ変換に対して，マクスウェル方程式が不変であることを示せ．

16-2.

$$g = \begin{pmatrix} -1 & 0 & 0 & 0 \\ 0 & +1 & 0 & 0 \\ 0 & 0 & +1 & 0 \\ 0 & 0 & 0 & +1 \end{pmatrix} \tag{3.73}$$

とする．

$$F^{ab} \equiv \sum_{a'b'} g^{aa'} g^{bb'} F_{a'b'} \tag{3.74}$$

で F^{ab} を構成すると，

$$\sum_{ab} F^{ab} F_{ab}$$

はローレンツ変換に対して不変であることを示せ．

16-3. 電磁場テンソルの成分を

$$E_i \to cB_i \tag{3.75}$$

$$cB_i \to E_i \tag{3.76}$$

と置き換えることで得られるテンソルを $\tilde{F}$ とする．
$\sum_{\alpha,\beta} F^{\alpha,\beta} \tilde{F}_{\alpha,\beta}$ がローレンツ変換に対して不変であることを示せ．

4 リーマン幾何学と時空の構造

重要度 ★★★

図 4.1: 写真一番左がマルセル・グロスマン (1878-1936). その右隣はアインシュタイン. チューリッヒ郊外でグロスマン 21 歳, アインシュタイン 20 歳頃. AIP Emilio Segre Visual Archives のご好意による.

《 内容のまとめ 》

　特殊相対性理論は, 等速度運動をしている系でも物理法則は変わらないということを要請します. つまり等速度運動をしている物体に乗っている人は, 自分が等速度運動をしているのかどうかを知る方法は無いことになります. その

考えを，加速度運動をしている系にまで拡張することは自然です．アインシュタインは，特殊相対性理論を発表した年の2年後の1907年ごろ，彼がまだベルンの特許局にいたときに，加速度運動をしている系と重力の関係についての基本的なアイデアを得ました．

しかし，彼が一般相対性理論の方程式，

$$R_{\mu\nu} - \frac{1}{2}g_{\mu\nu}R = -\kappa T_{\mu\nu} \tag{4.1}$$

を書き上げるのは8年後の1915年のことです．重力の理論である一般相対性理論を記述するためには，当時彼が知っていた数学では不十分で，4次元の幾何学を取り扱うことのできる数学，リーマン幾何学が必要でした．

次章で学ぶように，それまでの物理法則とは大きく異なり，一般相対性理論では時空間自身の歪みが重力となって現れます．そして，ガウスの曲面論[1]によれば，（2次元）曲面がどのように曲がっているかを記述するためには，3次元空間の知識を使う必要はなく，計量だけで曲率が決定されます．アインシュタインは大学時代からの親友だった数学者のグロスマンに相談をし，グロスマンはリーマン幾何学が必要であることを探り当て，2人でリーマン幾何学を使って4次元時空を調べ始めます[2]．

式 (4.1) の左辺は，リーマン幾何学におけるリッチテンソル R_{ab} とリッチスカラー R で書かれており，これらはクリストッフェル記号 Γ^a_{bc} で書かれ，クリストッフェル記号は計量テンソル $g_{\mu\nu}$ だけで表されます．以下の例題で学んでいくように計量テンソルは局所的な空間のゆがみを表します．

この4次元時空の計量 $g_{\mu\nu}(x)$ は，特殊相対論では対角成分（$\mu = \nu$ である成分）が $+1, -1$，それ以外はゼロですが，一般相対論ではこの値からのズレが時間，空間の歪みを表し，そして同時に重力場となります．

式 (4.1) の右辺は，エネルギー運動量テンソルで，物質が存在することによって作り出されます．つまり一般相対論の式は，左辺が時空間の歪みである重力場を表し，右辺が物質の存在からの寄与を表し，それぞれが相手を決めていると読むことができます．

---

[1] 微分幾何学におけるガウスの基本定理．ガウス自身は『驚異の定理』と呼びました．
[2] リーマンはガウスのもとで博士号を取得しました．

一般相対性理論の式 (4.1) はなぜテンソルで書かれているのでしょうか？この章で学ぶように，テンソルは座標変換について規則的に変換します（式 (4.64)）．たとえば，ある物理法則が 2 階のテンソルで

$$A_{ab}(x) = 0 \tag{4.2}$$

と書かれていたとします．$x \to x'$ と座標変換を行うとテンソルは

$$A_{ab}(x') = \sum_{pq} \frac{\partial x_p}{\partial x'_a} \frac{\partial x_q}{\partial x'_b} A_{pq}(x) \tag{4.3}$$

と変換されます．式 (4.2) という法則が成り立っていれば，変換された x' 座標系でも $A_{ab}(x') = 0$ が成り立ちます．

したがって，両辺がテンソルで書かれている方程式は座標変換をしたときに形が変わりません．つまり共変的です．一般相対論を作り上げていくアインシュタインの苦闘の道の最後の戦いが，式 (4.1) の左辺に入るテンソル量を見つけることでした．現在，この左辺はアインシュタインテンソルと呼ばれます．

この章では，一般相対論で重要な役割を果たす以下の量に親しみを感じられるようになることを目指してリーマン幾何学の初歩を学んでいきます．まず言葉を頭に入れ，何が何から作られ，和はどの添字についてとるのかを考えてみて下さい．これから説明していく事柄なので，まだわからなくて当然です．このあと何度もこれらを使いますので，そのときにここに定義が書いてあったことを思い出してください（裏表紙の公式集にも書いてあります）．

- 計量テンソル $g_{\mu\nu}$

$$(ds)^2 = \sum_{\mu=0}^{3} \sum_{\nu=0}^{3} g_{\mu\nu} dx^\mu dx^\nu \tag{4.4}$$

- クリストッフェルの記号 Γ^a_{bc}

$$\Gamma^a_{bc} = \frac{1}{2} \sum_{i=0}^{3} g^{ai} (\partial_b g_{ci} + \partial_c g_{ib} - \partial_i g_{bc}) \tag{4.5}$$

- リーマンテンソル（リーマン・クリストッフェルの曲率テンソル）

$$R^a_{bcd} = \partial_c \Gamma^a_{bd} - \partial_d \Gamma^a_{bc} + \sum_{e=0}^{3} \Gamma^a_{ec} \Gamma^e_{bd} - \sum_{e=0}^{3} \Gamma^a_{ed} \Gamma^e_{bc} \tag{4.6}$$

- リッチテンソル R_{bc} とリッチスカラー R

$$R_{bc} = \sum_{a=0}^{3} R^a_{bca} \tag{4.7}$$

$$R = \sum_{b=0}^{3} \sum_{c=0}^{3} g^{bc} R_{bc} \tag{4.8}$$

ただし，座標による偏微分を

$$\partial_a = \frac{\partial}{\partial x^a} \qquad \partial^a = \frac{\partial}{\partial x_a} \tag{4.9}$$

と書いています．∂_a はすぐあとで学ぶ共変ベクトル，∂^a は反変ベクトルになります．

また上付き添字の g^{ab} はそれを (a,b) 要素とする行列として表記すると，g_{ab} の逆行列になっています．テンソルの添字は g^{ab}，g_{ab} を使って上げ下げすることができます．

$$T^{a\cdots} = \sum_{a'} g^{aa'} T_{a'} \cdots \tag{4.10}$$

特に

$$\sum_{b} \sum_{a} g_{a'a} g^{ab} g_{bb'} = g_{a'b'} \tag{4.11}$$

ですから，$\sum_a g_{a'a} g^{ab}$ が単位行列になっていなければおかしいですよね[3]．

式 (4.5)-(4.8) を見ただけで目がクラクラしてもういやだと思うかもしれませんが，ぜひこの章の最後までやってみてください．説明を読み例題をやってみたあとにもう一度これらの式を見てみるとだいぶ親しみがわくのではないかと思います．

---

[3]式 (4.11) は $\sum_b E_{a'}{}^b g_{bb'} = g_{a'b'}$，ただし $E_{a'}{}^b \equiv \sum_a g_{a'a} g^{ab}$ と書けます．

4 リーマン幾何学と時空の構造

特殊相対性理論では，互いに等速度運動をする系（慣性系）の間の変換はローレンツ変換で，そのとき2点間の距離，

$$s^2 = -(ct)^2 + x^2 + y^2 + z^2 = -x_0^2 + x_1^2 + x_2^2 + x_3^2 \tag{4.12}$$

が不変でした．

一様な空間ではこれで十分ですが，一般相対論では曲がった空間での議論が中心になるので，空間の各点の周りの微小な空間を考えていきます．そのために

$$(ds)^2 = -dx_0^2 + dx_1^2 + dx_2^2 + dx_3^2 \tag{4.13}$$

を拡張して

$$(ds)^2 = \sum_{\mu=0}^{3} \sum_{\nu=0}^{3} g_{\mu\nu} dx_\mu dx_\nu \tag{4.14}$$

として，ds を一般化された距離，$g_{\mu\nu}$ を計量（メトリック），あるいは計量テンソルと呼びます[4]．このように一般化された距離が導入された空間をリーマン空間といい，その幾何学的構造を調べるのがリーマン幾何学です[5]．リーマン幾何学では，計量の振舞いを調べることで，空間の曲がり具合などの性質を表現します．

特殊相対論で出てきた距離を式 (4.14) の形に書くと，そのときの計量は

$$(g_{\mu\nu}) = \begin{pmatrix} -1 & & & \\ & +1 & & \\ & & +1 & \\ & & & +1 \end{pmatrix} \tag{4.15}$$

となります．この計量をもつ空間をミンコフスキー空間と呼びます．

それなら，ミンコフスキー空間は特殊相対論のときは重要だが，一般相対性

---

[4] $g_{\mu\nu}$ の符号を逆にとり，$ds^2 = +dx_0^2 - dx_1^2 - dx_2^2 - dx_3^2$ となるように計量をとることもあります．

[5] 数学では厳密にはリーマン空間は正定値の計量の場合を呼ぶようです．

理論ではもう使わないのではと思いますが，そんなことはありません．一般相対性理論でも，**物質が無い平坦な時空に対してはミンコフスキー計量に戻る**という要請をおいて理論が構成されます．次章で学ぶ等価原理では，加速度をもつ系と重力のある系が等価であることを主張します．このことは，適当な加速度系に移って重量を消し去ることができることを意味します．そこではミンコフスキー空間に戻ります．ただし，一般にこのことは，空間の微小な領域のみで可能です．

さて前置きが長くなりましたが，歪んだ空間を記述するための幾何学を勉強していきましょう．アインシュタイン自身も友人のグロスマンの助けを借りながら非常に苦労して身につけた数学です．じっくりと取り組んでください．やさしい例からスタートして，時間空間の場所ごとに歪み方が違う，すなわち計量 $g_{\mu\nu}$ が変化していく空間で必要な数学的道具は何なのか，またそこでの「平行移動」はどのように表されるのかを考えていきます．

道具のはずのリーマン幾何学の勉強で挫折してしまっては悲しいので，

- I. リーマン幾何学-2 次元平面
  例題は 17
- II. リーマン幾何学-3 次元空間の中の 2 次元球面
  例題は 18，19
- III. リーマン幾何学-一般座標系
  例題は 20，21

の 3 つのステップに分けて学習していきます．

I. リーマン幾何学-2 次元平面
計量（メトリック）$g_{\mu\nu}$

一般相対論では計量 $g_{\mu\nu}$，およびこの下付き添字 μ，ν のいずれかあるいは両方が上付き添字になったものが出てきて重要な役目をします．天下り的な定義をすることもできるのですが，その意味を知っていると，複雑になってもイメージがわくので，まず 2 次元の場合に計量の意味を見ていきます．

2 次元平面でのベクトルは，

$$\mathbf{V} = \begin{pmatrix} V^1 \\ V^2 \end{pmatrix} = V^1 \mathbf{e}_1 + V^2 \mathbf{e}_2 \tag{4.16}$$

と書けます．このベクトルの内積を求めてみましょう．

$$\begin{aligned}
\mathbf{V}^2 &= (V^1 \mathbf{e}_1 + V^2 \mathbf{e}_2)^2 \\
&= (V^1)^2 \mathbf{e}_1 \cdot \mathbf{e}_1 + V^1 V^2 \mathbf{e}_1 \cdot \mathbf{e}_2 + V^2 V^1 \mathbf{e}_2 \cdot \mathbf{e}_1 + (V^2)^2 \mathbf{e}_2 \cdot \mathbf{e}_2 \\
&= (V^1)^2 g_{11} + V^1 V^2 g_{12} + V^2 V^1 g_{21} + (V^2)^2 g_{22}
\end{aligned} \tag{4.17}$$

ここで

$$g_{11} = \mathbf{e}_1 \cdot \mathbf{e}_1, \quad g_{12} = \mathbf{e}_1 \cdot \mathbf{e}_2, \quad g_{21} = \mathbf{e}_2 \cdot \mathbf{e}_1, \quad g_{22} = \mathbf{e}_2 \cdot \mathbf{e}_2 \tag{4.18}$$

とおきました．図 4.2 のように，基底ベクトル $\mathbf{e}_1$ と $\mathbf{e}_2$ が直交していて，長さが 1 なら

$$g_{11} = 1, \quad g_{12} = 0,$$
$$g_{21} = 0, \quad g_{22} = 1$$

で，$\mathbf{V}^2 = (V^1)^2 + (V^2)^2$ ですから，わざわざ g など導入する意味はあまりありませんね．

しかし，基底ベクトル $\mathbf{e}_1$ と $\mathbf{e}_2$ が線形独立であれば，どのような平面上のベクトルも表すことができるわけですから，$\mathbf{e}_1$ と $\mathbf{e}_2$ は直交している必要はありません．図 4.3 のような斜交座標も考えることができます．このときには

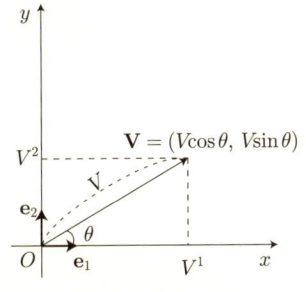

図 4.2: 直交座標 (x, y) と極座標 (r, θ)．ベクトル $\mathbf{V}$ の直交座標の成分は V^1, V^2，極座標の成分は V, θ．

g_{12}, g_{21} はゼロではありませんね．また，基底ベクトル $\mathbf{e}_1$ と $\mathbf{e}_2$ の大きさも 1 である必要はありませんから，g_{11}, g_{22} も 1 とは限りません．そういうときでも，ベクトル $\mathbf{V}$ の大きさの二乗は式 (4.17) のように表されるわけです．

　一般相対論では，時空間が歪んでいる世界を記述するのですから，大きさが 1 で直交している基底で表される座標系が便利とは限りません．

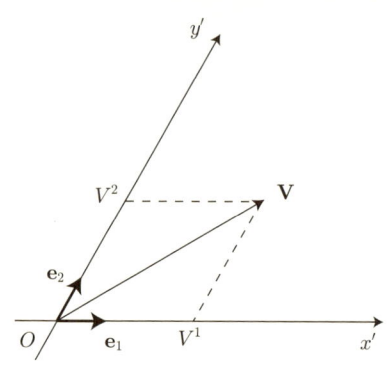

図 4.3: 斜交座標．

II. リーマン幾何学-3次元空間の中の2次元球面
共変ベクトルと反変ベクトル

　例題 17 で，ベクトルを表すための基底は直交座標系で与えられたものである必要はなく，斜交座標系でそこでの基底ベクトルの大きさが 1 でなくてもちゃんとベクトルを書き表せることが実感できると思います．

　一般相対論では一般座標変換というものが重要な役割を果たします．そこでは，曲線座標での基底の変換が必要になります．ベクトルも共変ベクトルと反変ベクトルという 2 つの表現を使いこなしていきます．

　まず簡単な場合から考えていきましょう．2 種類の基底ベクトル $\mathbf{e}_1, \mathbf{e}_2$ と $\mathbf{e}'_1, \mathbf{e}'_2$ があったとき，ベクトル $\mathbf{e}'_1, \mathbf{e}'_2$ は $\mathbf{e}_1, \mathbf{e}_2$ の線形結合で書けるはずです．

$$\begin{aligned}\mathbf{e}'_1 &= a_1{}^1 \mathbf{e}_1 + a_1{}^2 \mathbf{e}_2 \\ \mathbf{e}'_2 &= a_2{}^1 \mathbf{e}_1 + a_2{}^2 \mathbf{e}_2.\end{aligned} \quad (4.19)$$

行列を使って書けば

$$\begin{pmatrix} \mathbf{e}'_1 \\ \mathbf{e}'_2 \end{pmatrix} = \begin{pmatrix} a_1{}^1 & a_1{}^2 \\ a_2{}^1 & a_2{}^2 \end{pmatrix} \begin{pmatrix} \mathbf{e}_1 \\ \mathbf{e}_2 \end{pmatrix} \tag{4.20}$$

となりますし，

$$\mathbf{e}'_\mu = \sum_{\nu=1}^2 a_\mu{}^\nu \mathbf{e}_\nu. \tag{4.21}$$

と書くこともできます．

式 (4.20) から，

$$\begin{pmatrix} a_1{}^1 & a_1{}^2 \\ a_2{}^1 & a_2{}^2 \end{pmatrix}^{-1} \begin{pmatrix} \mathbf{e}'_1 \\ \mathbf{e}'_2 \end{pmatrix} = \begin{pmatrix} \mathbf{e}_1 \\ \mathbf{e}_2 \end{pmatrix}. \tag{4.22}$$

行列 $(a_\mu{}^\nu)$ の逆行列を $(b_\mu{}^\nu)$ と書くと，

$$\begin{pmatrix} \mathbf{e}_1 \\ \mathbf{e}_2 \end{pmatrix} = \begin{pmatrix} b_1{}^1 & b_1{}^2 \\ b_2{}^1 & b_2{}^2 \end{pmatrix} \begin{pmatrix} \mathbf{e}'_1 \\ \mathbf{e}'_2 \end{pmatrix} \tag{4.23}$$

あるいは

$$\mathbf{e}_\mu = \sum_{\nu=1}^2 b_\mu{}^\nu \mathbf{e}'_\nu \tag{4.24}$$

となります．

さて，ベクトル $\mathbf{V}$ をこの 2 種類の基底で次のように表したとき

$$\mathbf{V} = V^1 \mathbf{e}_1 + V^2 \mathbf{e}_2 \tag{4.25}$$
$$= V'^1 \mathbf{e}'_1 + V'^2 \mathbf{e}'_2 \tag{4.26}$$

この 2 種類の成分 (V^1, V^2) と (V'^1, V'^2) の間にはどのような関係があるでしょうか．

関係式 (4.24) を式 (4.25) に代入すれば

$$\mathbf{V} = V^1 \sum_{\nu=1}^2 b_1{}^\nu \mathbf{e}'_\nu + V^2 \sum_{\nu=1}^2 b_2{}^\nu \mathbf{e}'_\nu \tag{4.27}$$
$$= (V^1 b_1{}^1 + V^2 b_2{}^1)\mathbf{e}'_1 + (V^1 b_1{}^2 + V^2 b_2{}^2)\mathbf{e}'_2. \tag{4.28}$$

これから

$$V'^1 = V^1 b_1{}^1 + V^2 b_2{}^1 \tag{4.29}$$

$$V'^2 = V^1 b_1{}^2 + V^2 b_2{}^2. \tag{4.30}$$

あるいは

$$\begin{pmatrix} V'^1 \\ V'^2 \end{pmatrix} = \begin{pmatrix} b_1{}^1 & b_2{}^1 \\ b_1{}^2 & b_2{}^2 \end{pmatrix} \begin{pmatrix} V^1 \\ V^2 \end{pmatrix}. \tag{4.31}$$

今度は，関係式 (4.21) を式 (4.26) に代入して同じように計算すれば，

$$\begin{pmatrix} V^1 \\ V^2 \end{pmatrix} = \begin{pmatrix} a_1{}^1 & a_2{}^1 \\ a_1{}^2 & a_2{}^2 \end{pmatrix} \begin{pmatrix} V'_1 \\ V'_2 \end{pmatrix} \tag{4.32}$$

となります．おっ，座標系 $(\mathbf{e}_1, \mathbf{e}_2)$ から $(\mathbf{e}'_1, \mathbf{e}'_2)$ への変換と，成分 (V^1, V^2) から (V'^1, V'^2) への変換は同じ形か！ と一瞬思いますが，そんなはずはないですよね．実際，座標系の変換 (4.20), (4.23) に対して，座標成分の変換 (4.31), (4.32) は違います．でも，まったく違うわけではなく，反対に変換されています．

　座標系が $\mathbf{e}_\mu$ で表されるものから $\mathbf{e}'_\mu$ で表されるものに変換するときに式 (4.31) のように変換するベクトルを**反変ベクトル**といいます．

　ベクトルの変換に現れる行列 $a_\mu{}^\nu$ と $b_\mu{}^\nu$ は互いに逆行列の関係でした．つまり

$$\begin{pmatrix} a_1{}^1 & a_2{}^1 \\ a_1{}^2 & a_2{}^2 \end{pmatrix} \begin{pmatrix} b_1{}^1 & b_2{}^1 \\ b_1{}^2 & b_2{}^2 \end{pmatrix} = \begin{pmatrix} 1 & 0 \\ 0 & 1 \end{pmatrix}. \tag{4.33}$$

成分で書けば，

$$\begin{array}{ll} a_1{}^1 b_1{}^1 + a_2{}^1 b_1{}^2 = 1, & a_1{}^1 b_2{}^1 + a_2{}^1 b_2{}^2 = 0 \\ a_1{}^2 b_1{}^1 + a_2{}^2 b_1{}^2 = 0, & a_1{}^2 b_2{}^1 + a_2{}^2 b_2{}^2 = 1. \end{array} \tag{4.34}$$

この式をまとめて一つに書くと

$$\sum_{k=1}^{2} a_k{}^i b_j{}^k = \delta^i{}_j. \tag{4.35}$$

$\delta^i{}_j$ はクロネッカーのデルタと呼ばれる記号で，

$$\begin{aligned}\delta^1{}_1 = 1, \quad \delta^1{}_2 = 0, \\ \delta^2{}_1 = 0, \quad \delta^2{}_2 = 1.\end{aligned} \tag{4.36}$$

成分 (V^1, V^2) は式 (4.16) で定義されました．基底ベクトル $\mathbf{e}_1$ を V^1 倍したものと，基底ベクトル $\mathbf{e}_2$ を V^2 倍したものとを合成してベクトル $\mathbf{V}$ を作ったわけですから，(V^1, V^2) は図 4.3 に示したようなものになります．

しかし，ベクトル $\mathbf{V}$ を表すためには，他の方法もあります．次に V_1 と V_2 が与えられても $\mathbf{V}$ は決まります．((V^1, V^2) と区別するために，下付きの添字にしています．)

$$\begin{aligned}V_1 = \mathbf{V} \cdot \mathbf{e}_1, \\ V_2 = \mathbf{V} \cdot \mathbf{e}_2.\end{aligned} \tag{4.37}$$

右辺の $\mathbf{V}$ に，式 (4.16) を代入すれば

$$V_1 = (V^1 \mathbf{e}_1 + V^2 \mathbf{e}_2) \cdot \mathbf{e}_1 = V^1 \mathbf{e}_1 \cdot \mathbf{e}_1 + V^2 \mathbf{e}_2 \cdot \mathbf{e}_1, \tag{4.38}$$

$$= g_{11} V^1 + g_{21} V^2 \tag{4.39}$$

$$V_2 = (V^1 \mathbf{e}_1 + V^2 \mathbf{e}_2) \cdot \mathbf{e}_2 = V^1 \mathbf{e}_1 \cdot \mathbf{e}_2 + V^2 \mathbf{e}_2 \cdot \mathbf{e}_2 \tag{4.40}$$

$$= g_{12} V^1 + g_{22} V^2. \tag{4.41}$$

まとめて書けば

$$V_i = \sum_j g_{ij} V^j. \tag{4.42}$$

ここで，新しい基底ベクトル $\mathbf{e}^1, \mathbf{e}^2$（1, 2 の添字の位置に注意して下さい）を

$$\begin{aligned} \mathbf{e}^1 \cdot \mathbf{e}_1 = 1, \quad & \mathbf{e}^1 \cdot \mathbf{e}_2 = 0, \\ \mathbf{e}^2 \cdot \mathbf{e}_1 = 0, \quad & \mathbf{e}^2 \cdot \mathbf{e}_2 = 1. \end{aligned} \tag{4.43}$$

すなわち，$\mathbf{e}^i \cdot \mathbf{e}_j = \delta^i{}_j$ となるように構成します．そして，この新しい基底とさきほどの (V_1, V_2) から

$$\tilde{\mathbf{V}} = V_1 \mathbf{e}^1 + V_2 \mathbf{e}^2 \tag{4.44}$$

というベクトルを作ると，これは $\mathbf{V}$ と一致します．証明は簡単で

$$\tilde{\mathbf{V}} \cdot \mathbf{e}_1 = (V_1 \mathbf{e}^1 + V_2 \mathbf{e}^2) \cdot \mathbf{e}_1 = V_1 \tag{4.45}$$

$$\tilde{\mathbf{V}} \cdot \mathbf{e}_2 = (V_1 \mathbf{e}^1 + V_2 \mathbf{e}^2) \cdot \mathbf{e}_2 = V_2. \tag{4.46}$$

V_1, V_2 の定義，式 (4.37) を使って

$$(\tilde{\mathbf{V}} - \mathbf{V}) \cdot \mathbf{e}_1 = 0, \quad (\tilde{\mathbf{V}} - \mathbf{V}) \cdot \mathbf{e}_2 = 0 \tag{4.47}$$

$\mathbf{e}_1, \mathbf{e}_2$ は線形独立ですから $\tilde{\mathbf{V}} = \mathbf{V}$ です．

このようにして，ベクトル $\mathbf{V}$ のもう一つの表現

$$\mathbf{V} = V_1 \mathbf{e}^1 + V_2 \mathbf{e}^2 \tag{4.48}$$

が得られました．式 (4.37) から，($\mathbf{e}_1, \mathbf{e}_2$ の大きさが 1 のときは) V_1, V_2 の図形的な意味は図 4.4 のようになります．

座標 $\mathbf{e}_1, \mathbf{e}_2$ が式 (4.20) のように $\mathbf{e}'_1, \mathbf{e}'_2$ へ変換するときに，この V_1, V_2 は

$$\begin{pmatrix} V'_1 \\ V'_2 \end{pmatrix} = \begin{pmatrix} a_1{}^1 & a_1{}^2 \\ a_2{}^1 & a_2{}^2 \end{pmatrix} \begin{pmatrix} V_1 \\ V_2 \end{pmatrix} \tag{4.49}$$

と変換されます．なぜなら，

$$\begin{aligned} V'_1 &= \mathbf{V} \cdot \mathbf{e}'_1 = \mathbf{V} \cdot (a_1{}^1 \mathbf{e}_1 + a_1{}^2 \mathbf{e}_2) = a_1{}^1 V_1 + a_1{}^2 V_2 \\ V'_2 &= \mathbf{V} \cdot \mathbf{e}'_2 = \mathbf{V} \cdot (a_2{}^1 \mathbf{e}_1 + a_2{}^2 \mathbf{e}_2) = a_2{}^1 V_1 + a_2{}^2 V_2. \end{aligned} \tag{4.50}$$

つまり，V_1, V_2 は基底ベクトルと同じように変換されます．このようなベクトルを共変ベクトルと呼びます．

以上の話を 3 次元，4 次元に拡張するのは容易です．

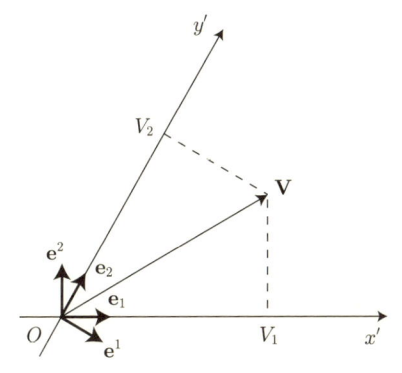

図 4.4: 共変ベクトル．

曲線座標系での基底

曲がった時空を対象とする一般相対論で必要になるのは，一般の曲線座標系です．ここでは，基底として何をとったらいいのでしょうか．

極座標のときは

$$x = r\cos\theta \tag{4.51}$$

$$y = r\sin\theta \tag{4.52}$$

ですが，r を固定して θ を変えていけば円に，θ を固定して r を変えていけば直線になります．そこで

$$\mathbf{e}_1 = \frac{\partial \mathbf{x}}{\partial r}, \quad \mathbf{e}_2 = \frac{\partial \mathbf{x}}{\partial \theta} \tag{4.53}$$

とすれば，これは曲線座標系を作る曲線の各点での接線になり，直交直線座標系での基底を自然に拡張したものになります．

III. リーマン幾何学–一般座標系

ベクトルの平行移動と接続

一般座標系での座標変換，およびベクトルの平行移動とクリストッフェル記号の関係を理解しましょう．

いま，$x^1, x^2, \cdots$ という座標系と $x'^1, x'^2, \cdots$ という座標系があったとしま

す．たとえば，$(x^1 = x, x^2 = y)$（2次元の直交座標），$(x'^1 = r, x'^2 = \theta, x'^3 = \varphi)$（3次元の極座標）などを思い浮かべてください．

$$x^1 = f^1(x'^1, x'^2, \cdots)$$
$$x^2 = f^2(x'^1, x'^2, \cdots)$$
$$\cdots$$
$$x^n = f^n(x'^1, x'^2, \cdots) \tag{4.54}$$

これは逆に解ける（x'^i を $x^1, x^2, \cdots$ で表すことができる）とします．

x'^1 を一定にして，$x'^2, x'^3, \cdots, x'^n$ を動かすと $(x^1, x^2, \cdots, x^n)$ は n-次元空間内の一つの超曲面を表すはずです．たとえば，3次元で直交座標と極座標を考え $x^1 = x, x^2 = y, x^3 = z,\ x'^1 = r, x'^2 = \theta, x'^3 = \phi$ とします．

$$x = r\sin\theta\cos\varphi$$
$$y = r\sin\theta\sin\varphi$$
$$z = r\cos\theta. \tag{4.55}$$

ここで $r = $（一定）として，$\theta, \varphi$ を動かすと半径 r の球面になります．一般に n 次元内にこのようにして作られる $n-1$ 次元図形を超曲面といいます．

さらに，$x^1 = 1, 2, 3, \cdots$ などとすれば，たくさんの超曲面が描けます．

次に x^2 を一定にして他の変数を動かすとまた別の超曲面の組が作れます．このようにして作ったものを曲線座標として使うことができます．例として 2 次元の極座標を考えてみて下さい．図 4.5 を見ると，極座標というのは $r = $ 一定の曲線群と $\theta = $ 一定の曲線群からなっていることがわかると思います．

この場合，式 (4.54) は

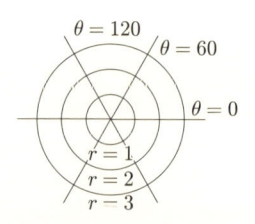

図 4.5: 2 次元極座標．

$$x^1 = x = f^1(r,\theta) = r\cos\theta$$
$$x^2 = y = f^2(r,\theta) = r\sin\theta \tag{4.56}$$

となります.

2次元の極座標では $\frac{\partial \mathbf{x}}{\partial r}$, $\frac{\partial \mathbf{x}}{\partial t}$ を基底にとることができました.これを一般化して,$(x^1, x^2, \cdots, x^n)$ をパラメータとし,$\mathbf{X}$ を n 次元のベクトルとして

$$\mathbf{e}_1 = \frac{\partial \mathbf{X}}{\partial x^1}, \quad \mathbf{e}_2 = \frac{\partial \mathbf{X}}{\partial x^2}, \cdots, \mathbf{e}_n = \frac{\partial \mathbf{X}}{\partial x^n}, \tag{4.57}$$

を基底としてとることもできます.

$$(x^1, x^2, \cdots, x^n) \to (x'^1, x'^2, \cdots, x'^n) \tag{4.58}$$

と変換すると,基底ベクトルは

$$\mathbf{e}'_i = \frac{\partial \mathbf{X}}{\partial x'^i} = \sum_j \frac{\partial x^j}{\partial x'^i} \frac{\partial \mathbf{X}}{\partial x^j} = \sum_j \frac{\partial x^j}{\partial x'^i} \mathbf{e}_j \tag{4.59}$$

と変換されます.変換の行列は

$$\frac{\partial x^j}{\partial x'^i} \tag{4.60}$$

です.この逆行列は明らかに

$$\frac{\partial x'^j}{\partial x^i}. \tag{4.61}$$

ベクトル $\mathbf{V}$ がこの基底と同じように変換されるとき,すなわち

$$V'_i = \sum_j \frac{\partial x^j}{\partial x'^i} V_j \tag{4.62}$$

と変換されるベクトルを共変ベクトル,

$$V'^i = \sum_j \frac{\partial x'^i}{\partial x^j} V^j \tag{4.63}$$

を反変ベクトルといいます.この基底から計量テンソルも斜行座標系と同じように求まります.

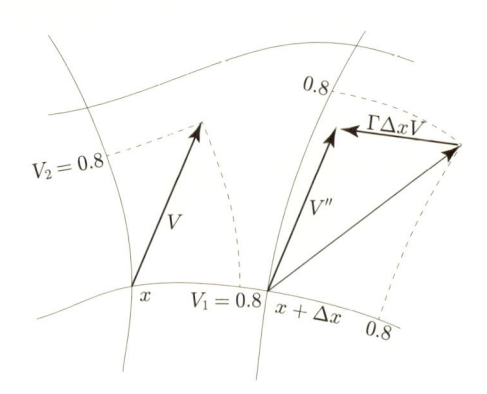

図 4.6: ベクトルの平行移動.

さらに，座標変換に対して

$$T'^{ab...}_{pq..} = \sum \frac{\partial x'^a}{\partial x^{a'}} \frac{\partial x'^b}{\partial x^{b'}} \cdots \frac{\partial x^{p'}}{\partial x'^p} \frac{\partial x^{q'}}{\partial x'^q} \cdots T^{a'b'...}_{p'q'..} \quad (4.64)$$

と変換するものをテンソルといいます．

さて，図 4.6 のようにある点 $x = (x^1, x^2, \cdots)$ でのベクトル $\mathbf{V}(x)$ を近傍の点 $x + \Delta x$ まで平行移動したとします．このベクトル $V^{/\!/}(x+\Delta x)$ はどのように表現されるでしょうか？ 直交座標であれ斜交座標であれ，もし基底ベクトルが定数であれば（つまり，計量 g_{ab} が x によらなければ），何も変わらず成分も同じはずです．しかし，図 4.6 から明らかなように，$\mathbf{V}(x)$ の成分 $V_1, V_2, \cdots$ と同じ値と成分をもった $V_1(x+\Delta x), V_2(x+\Delta x), \cdots$ は（x と $x + \Delta x$ では座標系を作る基底ベクトルの向きも大きさも違うので），$\mathbf{V}(x)$ と平行なベクトルとはなりません．その修正分が $\Gamma \Delta x V$ となります．つまり

$$V_a^{/\!/}(x+\Delta x) = V_a(x) + \sum_{bc} \Gamma^b_{ac} \Delta x^c V_b(x). \quad (4.65)$$

これが x でのベクトル $\mathbf{V}$ の成分とそれに平行な $x + \Delta x$ でのベクトル $V^{/\!/}(x+\Delta x)$ の成分との関係を与えます．

これだけではまだ一意的には決まらなくて，ベクトルの大きさが変わらないという条件をつけて，その接続が式 (4.5) で与えられます[6]．

---

[6] 文献 [5] には非常に丁寧な導出があります．

共変微分

一般座標系で平行移動の取り扱いをクリストッフェル記号を使ってできるようになったので,共変微分を導入します.座標 x^a でのベクトル **V** の成分 V_b の偏微分は

$$\frac{\partial V_b(x)}{\partial x^a} = \lim_{\Delta x^a \to 0} \frac{V_b(\mathbf{x} + \Delta \mathbf{x}^a) - V_b(\mathbf{x})}{\Delta x^a} \tag{4.66}$$

と定義されます.ただし

$$\mathbf{x} + \Delta \mathbf{x}^a = (x^1, x^2, \cdots, x^a + \Delta x^a, \cdots, x^n).$$

しかし,一般座標では $\mathbf{x}$ から $\mathbf{x} + \Delta \mathbf{x}^a$ までいくと基底は変わってしまいますので,上のように単純に同じ成分の差をとっても意味がありません.

そこで,$\mathbf{x}$ から $\mathbf{x} + \Delta \mathbf{x}$ までベクトル **V** を平行移動して,そのベクトルとの差をとれば意味のある微分が作れるのではというアイデアで共変微分というものが下記のように定義されました.

$$\nabla_a V_b \equiv \lim_{\Delta x^a \to 0} \frac{V_b(\mathbf{x} + \Delta \mathbf{x}^a) - V_b^{//}(\mathbf{x} + \Delta \mathbf{x}^a)}{\Delta x^a}. \tag{4.67}$$

式 (4.65) を代入し,Δx^c は $c = a$ のところだけがゼロでないことに注意して

$$\begin{aligned}\nabla_a V_b &= \lim_{\Delta x^a \to 0} \frac{V_b(\mathbf{x} + \Delta \mathbf{x}^a) - V_b(\mathbf{x}) - \sum_c \Gamma^c_{ba} \Delta x^a V_c}{\Delta x^a} \\ &= \frac{\partial V_b(x)}{\partial x^a} - \sum_c \Gamma^c_{ab} V_c(x).\end{aligned} \tag{4.68}$$

最後の式で,クリストッフェルの記号の下の2つの添字についての対称性 $\Gamma^c_{ab} = \Gamma^c_{ba}$ を使っています.これはこの章の最初で与えた定義 (4.5) からすぐに導かれますが,例題 19 の (3) で少し別の観点からも示します.

この式 (4.68) は下付添字の V_a,すなわち共変ベクトルに対するものですが,反変ベクトル V^a に対しては次のようになります.

$$\nabla_a V^b = \frac{\partial V^b(x)}{\partial x^a} + \sum_c \Gamma^b_{ac} V^c(x). \tag{4.69}$$

この式を使って少し計算すれば

$$\nabla_a g_{bc}(x) = 0$$
$$\nabla_a g^{bc}(x) = 0 \tag{4.70}$$

を示すことができます．つまり計量というのは共変微分に対しては定数的なのですね．このことから，もし

$$\nabla_a R^{bc}(x) = 0 \tag{4.71}$$

という法則があれば Λ を定数として

$$R^{bc}(x) \to R^{bc}(x) + g^{bc}(x)\Lambda \tag{4.72}$$

という置き換えをしても同じ式が成り立つことになります．例題22で学ぶように，アインシュタイン方程式は

$$\nabla_a (R^{ab} - \frac{1}{2} g^{ab} R) = 0 \tag{4.73}$$

を満たします．アインシュタインはこの条件を満足するテンソルを探してこの方程式に到達しました．しかし $R^{ab} - \frac{1}{2} g^{ab} R$ に $g^{ab}(x)\Lambda$ を付け加えることは可能です．これを利用してアインシュタインは宇宙項 Λ を導入しました．

図 4.7: ジャガイモの表面の曲率は？

例題 17 計量と基底ベクトル

I) 斜交座標の基底ベクトルが

$$\mathbf{e}'_1 = \begin{pmatrix} 2 \\ 0 \end{pmatrix}, \quad \mathbf{e}'_2 = \begin{pmatrix} 1 \\ \sqrt{3} \end{pmatrix} \tag{4.74}$$

であるとき，計量 $g'_{\mu\nu}$ ($\mu, \nu = 1, 2$) を求めよ．

II) 直交座標系 $\mathbf{e}_1, \mathbf{e}_2$ でベクトル $\mathbf{V}$ が

$$\mathbf{V} = \begin{pmatrix} 4 \\ 4 \end{pmatrix} = 4\mathbf{e}_1 + 4\mathbf{e}_2 \tag{4.75}$$

であるとき，$\mathbf{e}'_1, \mathbf{e}'_2$ を基底ベクトルとする斜交座標系での成分 V'^1, V'^2 を求めよ．

III) $\mathbf{V}^2 = (V'^1 \mathbf{e}'_1 + V'^2 \mathbf{e}'_2)^2$ を計算し，ベクトルの長さは変わらないことを確認せよ．

考え方

この例題をやることで，基底ベクトルが直交していなくても，大きさが 1 でなくても，計量がちゃんとそれを調節してくれることを学ぼう．

I) 計量の定義に従って計算すればよい．

II) $\mathbf{V} = V'^1 \mathbf{e}'_1 + V'^2 \mathbf{e}'_2$ なので，図 4.3 の V'^1, V'^2 を求めればよい．

III) 計量が変化することで，成分が変化しても $\mathbf{V}^2$ が変わらないことを実感してほしい．

解答

I) 計量の定義により

$$g'_{11} = \mathbf{e}'_1 \cdot \mathbf{e}'_1 = 2 \times 2 + 0 \times 0 = 4$$
$$g'_{12} = \mathbf{e}'_1 \cdot \mathbf{e}'_2 = 2 \times 1 + 0 \times \sqrt{3} = 2$$
$$g'_{21} = \mathbf{e}'_2 \cdot \mathbf{e}'_1 = 1 \times 2 + \sqrt{3} \times 0 = 2$$
$$g'_{22} = \mathbf{e}'_2 \cdot \mathbf{e}'_2 = 1 \times 1 + \sqrt{3} \times \sqrt{3} = 4.$$

ワンポイント解説

・$\mathbf{a} \cdot \mathbf{b} = \mathbf{b} \cdot \mathbf{a}$ が成り立つときは $g_{12} = g_{21}$

II) 斜交座標系での成分を書き下すと，

$$V_1' \mathbf{e}_1' + V_2' \mathbf{e}_2' = \begin{pmatrix} 2 \times V_1' + 1 \times V_2' \\ 0 \times V_1' + \sqrt{3} \times V_2' \end{pmatrix}.$$

これが

$$\mathbf{V} = \begin{pmatrix} 4 \\ 4 \end{pmatrix}$$

に等しいので

$$V_1' = 2 - \frac{2}{\sqrt{3}}, \quad V_2' = \frac{4}{\sqrt{3}}. \tag{4.76}$$

III) 以上の結果を用いて，

$$\begin{aligned}
(V'^1 \mathbf{e}_1' &+ V'^2 \mathbf{e}_2')^2 \\
&= (V'^1)^2 g_{11}' + V'^1 V'^2 g_{12}' \\
&\quad + V'^2 V'^1 g_{21}' + (V'^2)^2 g_{22}' \\
&= (2 - \frac{2}{\sqrt{3}})^2 \times 4 + 2(2 - \frac{2}{\sqrt{3}})\frac{4}{\sqrt{3}} \times 2 \\
&\quad + (\frac{4}{\sqrt{3}})^2 \times 4 \\
&= 32. \tag{4.77}
\end{aligned}$$

・$\mathbf{e}_i \cdot \mathbf{e}_j = g_{ij}'$ とし，I) の結果を使う．

例題 17 の発展問題

17-1. 2次元極座標系の動径方向のベクトルと角度方向のベクトルは，原点以外では直交し独立である．

$$\mathbf{e}_r = \begin{pmatrix} \cos\theta \\ \sin\theta \end{pmatrix} \quad \mathbf{e}_\theta = r \begin{pmatrix} -\sin\theta \\ \cos\theta \end{pmatrix}. \tag{4.78}$$

この $\mathbf{e}_r$, $\mathbf{e}_\theta$ を基底とするとき，計量 $g_{rr}, g_{r\theta}, g_{\theta r}, g_{\theta\theta}$ を求めよ．

例題18　反変ベクトル・共変ベクトルと計量テンソル

I) パラメータ s と t で変化する曲線群を考える．
$$x = \frac{t-s}{3}, \quad y = \frac{s+2t}{3}. \tag{4.79}$$

基底ベクトル
$$\mathbf{e}_1 = \frac{\partial \mathbf{x}}{\partial s}, \quad \mathbf{e}_2 = \frac{\partial \mathbf{x}}{\partial t} \tag{4.80}$$

を求めよ．

II) 式 (4.43) で与えられる基底 $\mathbf{e}^1$, $\mathbf{e}^2$ を求めよ．

III)
$$g^i{}_j = \mathbf{e}^i \cdot \mathbf{e}_j \quad g_i{}^j = \mathbf{e}_i \cdot \mathbf{e}^j \tag{4.81}$$
$$g^{ij} = \mathbf{e}^i \cdot \mathbf{e}^j \tag{4.82}$$

から，計量テンソル

$$g_{11}, \quad g_{12}, \quad g_{21}, \quad g_{22}$$
$$g^1{}_1, \quad g^1{}_2, \quad g^2{}_1, \quad g^2{}_2$$
$$g^{11}, \quad g^{12}, \quad g^{21}, \quad g^{22}$$

を求めよ．

IV) ベクトル $\mathbf{V}$ が直交座標系で $(2,1)$ で与えられるとき，V^1 V^2 および V_1 V_2 を求めよ．

考え方

上の解説通りにやればよい．反変ベクトル，共変ベクトルは，通常の固定された直交座標系ではあたりまえの関係になってしまう．しかし，いきなり一般相対論の曲がった時空で考えると複雑になり意味がわかりにくいので，2次元の斜交座標の例で確認をしておこう．

なお，s を消去すれば
$$y = -x + t \tag{4.83}$$

t を消去すれば

$$y = 2x + s \tag{4.84}$$

なので，傾き -1 と $+2$ の直線群である．

‖解答‖

I)
$$\mathbf{e}_1 = \frac{\partial \mathbf{x}}{\partial s} = \left(-\frac{1}{3}, \frac{1}{3}\right)$$
$$\mathbf{e}_2 = \frac{\partial \mathbf{x}}{\partial s} = \left(\frac{1}{3}, \frac{2}{3}\right). \tag{4.85}$$

II) $\mathbf{e}^1 = (a, b)$ とすれば式 (4.43) より

$$\mathbf{e}^1 \mathbf{e}_1 = -\frac{a}{3} + \frac{b}{3} = 1$$
$$\mathbf{e}^1 \mathbf{e}_2 = \frac{a}{3} + \frac{2b}{3} = 0. \tag{4.86}$$

これから

$$\mathbf{e}^1 = (-2, 1). \tag{4.87}$$

同様にして

$$\mathbf{e}^2 = (1, 1). \tag{4.88}$$

III) 式 (4.18) より

$$g_{11} = 2/9, \quad g_{12} = g_{21} = 1/9, \quad g_{22} = 5/9. \tag{4.89}$$

式 (4.81) より

$$g^1{}_1 = 1, \quad g^1{}_2 = g^2{}_1 = 0, \quad g^2{}_2 = 1. \tag{4.90}$$

式 (4.82) より

ワンポイント解説

$$g^{11} = 5, \quad g^{12} = g^{21} = -1, \quad g^{22} = 2. \quad (4.91)$$

IV)
$$\mathbf{V} = V_1 \mathbf{e}^1 + V_2 \mathbf{e}^2$$
$$(-2V_1, V_1) + (V_2, V_2) = (2, 1). \quad (4.92)$$

これより $V_1 = -1/3, \quad V_2 = 4/3.$

同様に[7] $V^1 = -3, \quad V^2 = 3.$

例題 18 の発展問題

18-1. 例題 18 で計算した反変ベクトル V^1, V^2, 共変ベクトル V_1, V_2 の値について,

$$\begin{aligned} V^1 &= g^{11}V_1 + g^{12}V_2, \quad V^2 = g^{21}V_1 + g^{22}V_2 \\ V_1 &= g_{11}V^1 + g_{12}V^2, \quad V_2 = g_{21}V^1 + g_{22}V^2 \end{aligned} \quad (4.93)$$

が成り立っていることを確認せよ.

18-2.
$$\begin{pmatrix} g^{11} & g^{12} \\ g^{21} & g^{22} \end{pmatrix} \quad \text{と} \quad \begin{pmatrix} g_{11} & g_{12} \\ g_{21} & g_{22} \end{pmatrix} \quad (4.94)$$

が互いに逆行列になっていることを確認せよ.

---
[7] $V^i = \sum_j g^{ij} V_j$ から求めてもよい.

例題 19　半球の計量とクリストッフェルの記号

3次元の中の半径 a の半球

$$x^2 + y^2 + z^2 = a^2, \quad z \geq 0 \tag{4.95}$$

の表面を考える．

この表面は2つのパラメータ，θ と φ によって

$$x = a\sin\theta\cos\varphi$$
$$y = a\sin\theta\sin\varphi$$
$$z = a\cos\theta \tag{4.96}$$

と表される．ただし，$0 \leq \theta < \pi/2,\ 0 \leq \varphi < 2\pi$.

この球の表面上の距離は

$$(ds)^2 = (ad\theta)^2 + (a\sin\theta d\varphi)^2. \tag{4.97}$$

$x^1 = \theta,\ x^2 = \varphi$ とすれば

$$(ds)^2 = \sum_{a=1}^{2}\sum_{b=1}^{2} g_{ab} dx^a dx^b \tag{4.98}$$

と表せる．

I)　g_{ab} と g^{ab} を具体的に書き下せ．

II)　式 (4.5) で与えられたクリストッフェルの記号 Γ^a_{bc} を，上の g_{ab} と g^{ab} から計算し，ゼロでないものを求めよ．

III)　この半球の Γ^a_{bc} を定義から計算せよ[8]．

考え方

I)　式 (4.4) の中の μ,ν はいまは 0 から 3 ではなく 1 から 2．$dx^1 = d\theta$, $dx^2 = d\varphi$ として式 (4.4) から $g_{\mu\nu}$ を読みとればよい．具体的には，

---

[8]式 (4.65) で与えられるように，クリストッフェル記号 Γ はベクトル $\mathbf{V}(x)$ を微小距離 Δx だけ離れた点 $x + \Delta x$ に平行に移動したベクトル $\mathbf{V}^{//}(x)$ が，$\mathbf{V}(x)$ とどれだけずれているか（どのように接続されているか）を表すものである．

式 (4.97), (4.98) を比較する.

II) I) から $g_{\theta\theta}$ は定数なので,クリストッフェル記号を与える式 (4.5) のなかで $g_{\theta\theta}$ を微分する項はゼロ.
$g_{\varphi\varphi}$ は θ だけに依存するので,φ で微分する項はゼロ.θ で微分する項は

$$\partial_\theta g_{\varphi\varphi} = a^2 \sin 2\theta$$

となる.非対角成分 $g_{\theta\varphi}, g_{\varphi\theta}$ はゼロなのでこれらを微分する項もゼロ.また g^{ai} も対角なので残るのは $a=i$ の項のみとなり

$$\Gamma^a_{bc} = \frac{1}{2}\sum_{i=\theta,\varphi} g^{ai}(\partial_b g_{ci} + \partial_c g_{ib} - \partial_i g_{bc}) = \frac{1}{2}g^{aa}(\partial_b g_{ca} + \partial_c g_{ab} - \partial_a g_{bc})$$

と表される.

(和の中で $i=a$ のみが残るので) $a=\theta$, $a=\varphi$ の項はそれぞれ

$$\Gamma^\theta_{bc} = \frac{1}{2}g^{\theta\theta}(\partial_b g_{c\theta} + \partial_c g_{\theta b} - \partial_\theta g_{bc}) \tag{4.99}$$

$$\Gamma^\varphi_{bc} = \frac{1}{2}g^{\varphi\varphi}(\partial_b g_{c\varphi} + \partial_c g_{\varphi b} - \partial_\varphi g_{bc}) \tag{4.100}$$

$b, c = \theta, \varphi$ に対して右辺の 3 つの項すべてがゼロでないものはすぐ見つかる.

III) 接続の定義として式 (4.65) を学んだ.計量 g_{ab} が位置によらずに定数のときはその微分はゼロで Γ はすべてゼロなので,$V_a^{/\!/}(x+\Delta x)$ と $V_a(x)$ は等しく,特に問題は起こらない.しかし,一般の座標系ではこの接続という量が重要になる.この例題ではまず式 (4.5) に従って計算をしてみたあとに,その定義に戻って考えてみる.

解答

I) 具体的に書き下すと以下のようになる.

$$(g_{ab}) = \begin{pmatrix} g_{\theta\theta} & g_{\theta\varphi} \\ g_{\varphi\theta} & g_{\varphi\varphi} \end{pmatrix} = \begin{pmatrix} a^2 & 0 \\ 0 & a^2 \sin^2\theta \end{pmatrix},$$

$$(g^{ab}) = \begin{pmatrix} g^{\theta\theta} & g^{\theta\varphi} \\ g^{\varphi\theta} & g^{\varphi\varphi} \end{pmatrix} = \begin{pmatrix} \frac{1}{a^2} & 0 \\ 0 & \frac{1}{a^2 \sin^2\theta} \end{pmatrix}.$$

II) 具体的に計算すると,

$$\Gamma^{\theta}_{\varphi\varphi} = -\sin\theta\cos\theta$$

$$\Gamma^{\varphi}_{\theta\varphi} = \Gamma^{\varphi}_{\varphi\theta} = \frac{\cos\theta}{\sin\theta} \tag{4.101}$$

これ以外はゼロ.

III) 図形的な意味を見るために, 3次元空間での通常の直交座標で考える.

$$\mathbf{x} = \begin{pmatrix} x \\ y \\ z \end{pmatrix} = \begin{pmatrix} r\sin\theta\cos\varphi \\ r\sin\theta\sin\varphi \\ r\cos\theta \end{pmatrix} \tag{4.102}$$

θ, φ, r 方向の基底ベクトルはそれぞれ

$$\mathbf{e}_\theta = \frac{\partial \mathbf{x}}{\partial \theta} = r \begin{pmatrix} \cos\theta\cos\varphi \\ \cos\theta\sin\varphi \\ -\sin\theta \end{pmatrix} \tag{4.103}$$

$$\mathbf{e}_\varphi = \frac{\partial \mathbf{x}}{\partial \varphi} = r \begin{pmatrix} -\sin\theta\sin\varphi \\ \sin\theta\cos\varphi \\ 0 \end{pmatrix} \tag{4.104}$$

$$\mathbf{e}_r = \frac{\partial \mathbf{x}}{\partial r} = \begin{pmatrix} \sin\theta\cos\varphi \\ \sin\theta\sin\varphi \\ \cos\theta \end{pmatrix}$$

と表される. このとき,

ワンポイント解説

・$(g^{\mu\nu})$ は $(g_{\mu\nu})$ の逆行列.

・I)の結果を使い「考え方」の式 (4.99), (4.100) の b, c に θ, φ を入れて調べていく. 最後に $g^{\theta\theta}, g^{\varphi\varphi}$ を忘れずに.

例題 19 半球の計量とクリストッフェルの記号　　83

$$(ds)^2 = r^2(d\theta)^2 + (r\sin\theta d\varphi)^2 + (dr)^2 \quad (4.105)$$

なので，

$$(g_{ab}) = \begin{pmatrix} g_{\theta\theta} & g_{\theta\varphi} & g_{\theta r} \\ g_{\varphi\theta} & g_{\varphi\varphi} & g_{\varphi r} \\ g_{r\theta} & g_{r\varphi} & g_{rr} \end{pmatrix}$$

$$= \begin{pmatrix} r^2 & 0 & 0 \\ 0 & r^2\sin^2\theta & 0 \\ 0 & 0 & 1 \end{pmatrix}$$

$$(g^{ab}) = \begin{pmatrix} g^{\theta\theta} & g^{\theta\varphi} & g^{\theta r} \\ g^{\varphi\theta} & g^{\varphi\varphi} & g^{\varphi r} \\ g^{r\theta} & g^{r\varphi} & g^{rr} \end{pmatrix}$$

$$= \begin{pmatrix} \frac{1}{r^2} & 0 & 0 \\ 0 & \frac{1}{r^2\sin^2\theta} & 0 \\ 0 & 0 & 1 \end{pmatrix} \quad (4.106)$$

・g^{ab} は g_{ab} の逆行列なので，すぐ求まる．

となる．
以下，原点を中心とする半径 $r = a$ の球を考える．$\mathbf{e}_\theta$ と $\mathbf{e}_\varphi$ は点 $P = (\theta, \varphi, a)$ でこの球に接している．点 P から $\Delta\theta, \Delta\varphi$ 離れた $P' = (\theta + \Delta\theta, \varphi + \Delta\varphi, a)$ での接平面上の基底ベクトルは

$$\mathbf{e}_\theta(x + \Delta x) = \mathbf{e}_\theta + \Delta\theta \frac{\partial \mathbf{e}_\theta}{\partial \theta} + \Delta\varphi \frac{\partial \mathbf{e}_\theta}{\partial \varphi}$$

$$\mathbf{e}_\varphi(x + \Delta x) = \mathbf{e}_\varphi + \Delta\theta \frac{\partial \mathbf{e}_\varphi}{\partial \theta} + \Delta\varphi \frac{\partial \mathbf{e}_\varphi}{\partial \varphi}. \quad (4.107)$$

点 P で球に接しているベクトル $\mathbf{V}$ を平行移動したものは P' での接平面には一般にはおさまらない（$\mathbf{e}_r(x + \Delta x)$ に比例する項が入ってしまう）．そこで，これを接平面に射影したものをこの曲面上で平

行移動したベクトルとする．そのためには，$\mathbf{e}_r(x+\Delta x)$ に直交する $\mathbf{e}_\theta(x+\Delta x), \mathbf{e}_\varphi(x+\Delta x)$ 方向の成分しかもたないと考える．したがって，

$$\begin{aligned}V_\theta^{//}(x+\Delta x) &= \mathbf{V}\cdot\mathbf{e}_\theta(x+\Delta x) \\ &= \mathbf{V}\cdot\left(\mathbf{e}_\theta(x)+\frac{\partial\mathbf{e}_\theta}{\partial\theta}\Delta\theta+\frac{\partial\mathbf{e}_\theta}{\partial\varphi}\Delta\varphi\right) \\ &= V_\theta(x) + (V^\theta\mathbf{e}_\theta+V^\varphi\mathbf{e}_\varphi) \\ &\quad\times\left(\frac{\partial\mathbf{e}_\theta}{\partial\theta}\Delta\theta+\frac{\partial\mathbf{e}_\theta}{\partial\varphi}\Delta\varphi\right) \\ &= V_\theta(x) + (\sum_a V^a\mathbf{e}_a)(\sum_c \frac{\partial\mathbf{e}_\theta}{\partial x^c}\Delta x^c).\end{aligned}$$
(4.108)

同様に

$$V_\varphi^{//}(x+\Delta x) = \mathbf{V}\cdot\mathbf{e}_\varphi(x+\Delta x)$$
$$= V_\varphi(x) + (\sum_a V^a\mathbf{e}_a)(\sum_c \frac{\partial\mathbf{e}_\varphi}{\partial x^c}\Delta x^c). \quad (4.109)$$

まとめて書けば

$$\begin{aligned}V_b^{//}(x+\Delta x) &= \mathbf{V}\cdot\mathbf{e}_b(x+\Delta x) \\ &= V_b(x) + (\sum_a V^a\mathbf{e}_a)(\sum_c \frac{\partial\mathbf{e}_b}{\partial x^c}\Delta x^c) \\ &= V_b(x) + \sum_{a,b} V^a\Gamma_{abc}\Delta x^c.\end{aligned}$$
(4.110)

ただし

$$\Gamma_{abc} \equiv \mathbf{e}_a\frac{\partial\mathbf{e}_b}{\partial x^c}. \quad (4.111)$$

ベクトル $\mathbf{e}_a$ は，パラメータ x^a（いまの例では θ あるいは φ）を変化させたときの曲線の接線．ベクト

ル $\partial \mathbf{e}_b/\partial x^c$ はパラメータ x^c を変化させたときの接線ベクトル $\mathbf{e}_b$ の変化．クリストッフェル記号はその2つのベクトルの内積になっている．

$$\frac{\partial \mathbf{e}_b}{\partial x^c} = \frac{\partial}{\partial x^c}\frac{\partial \mathbf{x}}{\partial x^b} \qquad (4.112)$$

となるので，Γ_{abc} は b, c について対称．

$$\Gamma^a_{bc} = \sum_{a'} g^{aa'} \Gamma_{a'bc}. \qquad (4.113)$$

式 (4.111) に式 (4.103)，(4.104) を代入して

$$\Gamma_{\varphi\varphi\theta} = \Gamma_{\varphi\theta\varphi} = a^2 \sin\theta\cos\theta$$
$$\Gamma_{\theta\varphi\varphi} = -a^2 \sin\theta\cos\theta. \qquad (4.114)$$

計量 (4.106) を使って

$$\Gamma^\varphi_{\varphi\theta} = g^{\varphi\varphi}\Gamma_{\varphi\varphi\theta} = \frac{1}{a^2\sin^2\theta}a^2\sin\theta\cos\theta$$
$$= \frac{\cos\theta}{\sin\theta} \qquad (4.115)$$
$$\Gamma^\varphi_{\theta\varphi} = g^{\varphi\varphi}\Gamma_{\varphi\theta\varphi} = \frac{1}{a^2\sin^2\theta}a^2\sin\theta\cos\theta$$
$$= \frac{\cos\theta}{\sin\theta}$$
$$\Gamma^\theta_{\varphi\varphi} = g^{\theta\theta}\Gamma_{\theta\varphi\varphi} = -\frac{1}{a^2}a^2\sin\theta\cos\theta$$
$$= -\sin\theta\cos\theta. \qquad (4.116)$$

例題 19 の発展問題

19-1. 円柱座標系 (θ, r, z) での計量 g_{ij} を求めよ．ただし
$$x = r\cos\theta$$
$$y = r\sin\theta$$
$$z = z. \tag{4.117}$$

19-2. 例題 19 で，距離 ds が
$$(ds)^2 = -(ad\theta)^2 + (a\sin\theta d\varphi)^2 \tag{4.118}$$

であったとすれば，結果はどのようになるか．

19-3. 例題 19 では，半球を極座標で表し，パラメータ θ, φ で表面を表した．直交座標を使って
$$(ds)^2 = (dx)^2 + (dy)^2 + (dz)^2 \tag{4.119}$$

と距離を表し，式 (4.95) より
$$xdx + ydy + zdz = 0 \rightarrow$$
$$dz = -\frac{xdx + ydy}{z} = -\frac{xdx + ydy}{\sqrt{a^2 - x^2 - y^2}}. \tag{4.120}$$

すなわち
$$(ds)^2 = (dx)^2 + (dy)^2 + \left(\frac{xdx + ydy}{\sqrt{a^2 - x^2 - y^2}}\right)^2 \tag{4.121}$$

として2つのパラメータ x, y で書くこともできる（このパラメータは半球の点を x-y 平面に射影したものになる）．
$$(ds)^2 = \sum_{ab} g_{ab} dx^a dx^b \tag{4.122}$$

ただし $x^1 = x, x^2 = y$．

このとき計量 g_{ab} を求めよ．

例題 20 半球のリーマン幾何学

例題 19 で求めた Γ^a_{bc} を使って, 半径 a の半球の表面において

I) リーマンテンソル R^a_{bcd} で $a = d$ であるものを求めよ.
II) リッチテンソル R_{ab} とリッチスカラー R を求めよ.

考え方

- 結構面倒な計算ですが,「考え方」を参考にぜひ手を動かして答えを自分で求めてみてください. やり終えたときに,「時間を損した, 著者にだまされた!」とは絶対思わないはずです. このトレーニングは一般相対論でシュバルツシルトの解を計算するとき(例題 25)に役にたちます.

- この半球は 3 次元の中に埋め込まれていますが, 実際に使うのは式 (4.96) の上の 2 つの式, あるいは式 (4.97) だけです. つまり 2 次元面の曲率テンソル R^a_{bcd} やリッチテンソル, リッチスカラーは 2 次元面での計量だけで決まります. 一般相対論では 4 次元の時空間が歪んでいることから重力が現れますが,「歪んでいる」といっても 4 次元空間以上の中に埋め込まれているわけではありません. わかりやすくするためにそういう図を書くことはありますが.

I) $a = d = \theta, \varphi$ のときのリーマンテンソル R^a_{bcd} は

$$R^\theta_{bc\theta} = \partial_c \Gamma^\theta_{b\theta} - \partial_\theta \Gamma^\theta_{bc} + \sum_e \Gamma^\theta_{ec} \Gamma^e_{b\theta} - \sum_e \Gamma^\theta_{e\theta} \Gamma^c_{bc} \tag{4.123}$$

$$R^\varphi_{bc\varphi} = \partial_c \Gamma^\varphi_{b\varphi} - \partial_\varphi \Gamma^\varphi_{bc} + \sum_e \Gamma^\varphi_{ec} \Gamma^e_{b\varphi} - \sum_e \Gamma^\varphi_{e\varphi} \Gamma^e_{bc}. \tag{4.124}$$

例題 19 II) の結果を使うと右辺の中の Γ^θ_{ab} でゼロでないものは $\Gamma^\theta_{\varphi\varphi}$ のみ. Γ^φ_{ab} でゼロでないものは $\Gamma^\varphi_{\theta\varphi}, \Gamma^\varphi_{\varphi\theta}$ の 2 つだけ. $\Gamma^\varphi_{\theta\varphi}, \Gamma^\varphi_{\varphi\theta}$ は φ で微分するとゼロ.

II) 1) の結果から, リッチテンソル $R_{bc} = \sum_{a=\theta,\varphi} R^a_{bca}$ を構成するリーマンテンソル R^a_{bca} のうちゼロでないのは $R^\theta_{\varphi\varphi\theta}$ と $R^\varphi_{\theta\theta\varphi}$ の 2 つだけ.

解答

I)
$$R^{\theta}_{\varphi\theta\theta} = \partial_{\varphi}\Gamma^{\theta}_{\varphi\theta} - \partial_{\theta}\Gamma^{\theta}_{\varphi\varphi}$$
$$+ \sum_{e}\Gamma^{\theta}_{e\varphi}\Gamma^{e}_{\varphi\theta} - \sum_{e}\Gamma^{\theta}_{e\theta}\Gamma^{e}_{\varphi\varphi}$$
$$= -\partial_{\theta}\Gamma^{\theta}_{\varphi\varphi} + \Gamma^{\theta}_{\varphi\varphi}\Gamma^{\varphi}_{\varphi\theta}$$
$$= -\partial_{\theta}(-\sin\theta\cos\theta) + (-\sin\theta\cos\theta)\frac{\cos\theta}{\sin\theta}$$
$$= -\sin^{2}\theta$$

$$R^{\varphi}_{\theta\theta\varphi} = \partial_{\theta}\Gamma^{\varphi}_{\theta\varphi} - \partial_{\varphi}\Gamma^{\varphi}_{\theta\theta}$$
$$+ \sum_{e}\Gamma^{\varphi}_{e\theta}\Gamma^{e}_{\theta\varphi} - \sum_{e}\Gamma^{\varphi}_{e\varphi}\Gamma^{e}_{\theta\theta}$$
$$= \partial_{\theta}\Gamma^{\varphi}_{\theta\varphi} + \Gamma^{\varphi}_{\varphi\theta}\Gamma^{\varphi}_{\theta\varphi}$$
$$= \partial_{\theta}\left(\frac{\cos\theta}{\sin\theta}\right) + \left(\frac{\cos\theta}{\sin\theta}\right)^{2}$$
$$= -1 \tag{4.125}$$

これ以外はゼロ．

II) リッチテンソルは
$$R_{\theta\theta} = \sum_{a}R^{a}_{\theta\theta a} = R^{\theta}_{\theta\theta\theta} + R^{\varphi}_{\theta\theta\varphi} = -1$$
$$R_{\varphi\varphi} = \sum_{a}R^{a}_{\varphi\varphi a} = R^{\theta}_{\varphi\varphi\theta} + R^{\varphi}_{\varphi\varphi\varphi} = -\sin^{2}\theta$$

これ以外はゼロ．
リッチスカラーは
$$R = g^{\theta\theta}R_{\theta\theta} + g^{\varphi\varphi}R_{\varphi\varphi}$$
$$= \frac{1}{a^{2}}(-1) + \frac{1}{a^{2}\sin^{2}\theta}(-\sin^{2}\theta)$$
$$= -\frac{2}{a^{2}}. \tag{4.126}$$

ワンポイント解説

・$\Gamma^{\theta}_{\theta\theta}, \Gamma^{\theta}_{\theta\varphi}, \Gamma^{\theta}_{\varphi\theta}$ は ゼロ．

・$R_{\theta\varphi}$
$= R^{\theta}_{\theta\varphi\theta} + R^{\varphi}_{\theta\varphi\varphi}$
$= 0$

・半径 a が無限大 になると $R \to 0$．

例題 20 の発展問題

20-1. 定数 a, b, パラメータ θ で表される楕円

$$x = a\cos\theta$$
$$y = b\sin\theta \tag{4.127}$$

において

$$(ds)^2 = (dx)^2 + (dy)^2 \tag{4.128}$$

を a, b, θ で表し，計量 $g_{\theta\theta}$, $g^{\theta\theta}$, クリストッフェル記号 $\Gamma^\theta_{\theta\theta}$ を求めよ．$a = b$（円）のときに $\Gamma^\theta_{\theta\theta}$ はどのような値になるか．その図形的意味は何か．

例題 21　測地線

$$\frac{d^2 x^c}{ds^2} + \sum_{ab} \Gamma^c_{ab} \frac{dx^a}{ds} \frac{dx^b}{ds} = 0 \qquad (4.129)$$

は測地線方程式とよばれる．s は曲線の始点からの距離である．

I)
$$u^a = \frac{dx^a}{ds} \qquad (4.130)$$

とおくと，上の測地線方程式は

$$\sum_a u^a \nabla_a u^b = 0 \qquad (4.131)$$

と書けることを示せ．

II) 測地線方程式の幾何学的意味を考察せよ．

III) 例題 19 の場合に，測地線方程式はどのような形になるか．

考え方

「測地線」は 2 点間を結ぶ最短の経路である．我々が慣れているユークリッド空間ではそれは 2 点を結ぶ直線だが，空間が平らでなく曲率をもっている場合には直線ではない．発展問題にあるように球の表面では測地線は大円になる．そしてこの例題で学ぶように測地線はクリストッフェル記号 Γ^c_{ab} が計算できれば決まる．

一般相対論では，重力を受けた物体の運動は，物質の存在によって歪められた時空の測地線を動く．

‖解答‖

I) u^a と共変微分の表式 (4.69) を使って，上の式 (4.131) の左辺を変形する

$$\sum_a \frac{dx^a}{ds} \left(\frac{\partial u^b(x)}{\partial x^a} + \sum_c \Gamma^b_{ac} u^c \right)$$
$$= \frac{du^b}{ds} + \sum_{ac} \Gamma^b_{ac} \frac{dx^a}{ds} \frac{dx^c}{ds} \qquad (4.132)$$

ワンポイント解説

・$\sum_a \frac{dx^a}{ds} \frac{\partial}{\partial x^a} = \frac{d}{ds}$ を使っている．

$$= \frac{d^2 x^b}{ds^2} + \sum_{ac} \Gamma^b_{ac} \frac{dx^a}{ds} \frac{dx^c}{ds}. \qquad (4.133)$$

これは測地線方程式 (4.129) の左辺．ゆえに，式 (4.131) は測地線方程式になる．

II) 測地線方程式は
$$\frac{du^b}{ds} + \sum_{ac} \Gamma^b_{ac} u^a \frac{dx^c}{ds} = 0$$
あるいは
$$\frac{du^b}{ds} = - \sum_{ac} \Gamma^b_{ac} u^a \frac{dx^c}{ds}.$$

左辺はパラメータ s を変化させて得られる曲線の上を ds 分だけ進んだときの接線ベクトルの変化．右辺は式 (4.65) が示すように，曲面上でベクトル u^a を平行に移動したときの修正分．この2つのベクトルが比例することを測地線方程式は要請している．

・式 (4.132) を使っている．

・$u^b = dx^b/ds$ はパラメータ s を変化させて得られる曲線の接線ベクトル．

III) $$v_\theta = \frac{d\theta}{ds}, \quad v_\varphi = \frac{d\varphi}{ds} \qquad (4.134)$$

とおき，例題 19 で求めたゼロでないクリストッフェル記号

$$\Gamma^\theta_{\varphi\varphi} = -\sin\theta\cos\theta, \quad \Gamma^\varphi_{\theta\varphi} = \Gamma^\varphi_{\varphi\theta} = \frac{\cos\theta}{\sin\theta}$$

を使って以下の測地線方程式が得られる．

$$\frac{dv_\theta}{ds} - \sin\theta\cos\theta\, v_\varphi^2 = 0$$
$$\frac{dv_\varphi}{ds} + \frac{2\cos\theta}{\sin\theta} v_\theta v_\varphi = 0. \qquad (4.135)$$

例題 21 の発展問題

21-1. 測地線方程式を解いて，球の上の測地線は大円であることを示せ[9]．

---

[9]文献 [6] などで具体的に示されている．

5 一般相対性理論
−重力と宇宙の理論

図 5.1: アインシュタインが 1922 年に日本を訪問したときの講義の自画像（左）および岡本一平による絵（文献 [4] より転載）．

―――《 内容のまとめ 》―――

　一般相対性理論は，重力の理論であり，また時空間の理論です．宇宙の研究をするためには必須の道具となっています．
　また，携帯にも搭載されている GPS は，GPS 衛星の原子時計の測定を使

っていますが,このときに,上空で重力が弱いことにより起こる時間の遅れが問題になり,補正が行われます.

この章では,第4章で出てきたアインシュタイン方程式

$$R_{\mu\nu} - \frac{1}{2}g_{\mu\nu}R = -\kappa T_{\mu\nu} \tag{5.1}$$

の意味を理解し,フリードマン方程式などに親近感を感じられるように,あるいはそこまで行かなくても,訳がわからないということにならないようにしましょう.

一般相対論のアイデアをアインシュタインが得た瞬間のことを彼自身が日本での講演で語っています.

> 「私はベルンの特許局で一つの椅子に座っていました.そのとき突然一つの思想が私に湧いたのです.『或るひとりの人間が自由に落ちたとしたなら,その人は自分の重さを感じないに違いない』
> 私ははっと思いました.この簡単な思考は私に実に深い印象を与えたのです.私はこの感激によって重力の理論へ自分を進ませ得たのです」[1]

これはアインシュタインにとって「生涯でもっとも素晴らしい考え」が浮かんだ瞬間でした.これが「慣性質量と重力質量は原理的に区別できない」という等価原理として知られるものです.

ニュートン力学では(特殊相対性理論でも),慣性質量は力に対して物体がどのように運動するかを特徴づける量です.大きな慣性質量をもつ物体は同じ力を受けたときに小さな加速度で運動します.遠心力や,エレベータが加速度運動しているときに中にいる人が感じる(見かけの力である)慣性力も,慣性質量が特徴づけます.

これに対して,重力質量は万有引力の法則に現れる質量です.

---

[1] アインシュタインが 1922 年に日本を訪問したときの記録が文献 [4] で,それによれば京都での 12 月 14 日の講演の前に西田幾多郎が「もし今日何か話していただくことを願い出ることが出来るとしたなら,アインシュタイン教授がいかにして相対性理論をつくり上げられたかという経緯をうかがいたい」という要望を出し,それに急遽答えたものです.

この2つは実験的には厳密に比例しますが，それが実は本質的に同じものではないかということにアインシュタインは思いいたったのです．

このことにより，重力場を消すような加速度系に移ることで，より簡単な法則の成り立つ世界の問題に帰着することができます．しかし，地球の重力場をすべて消すようなエレベータは作れません．つまり，重力を消し去ることができるのは，その点の小さな近傍でのみということになります．

アインシュタイン方程式(5.1)の右辺に現れる$T_{\mu\nu}$はエネルギー・運動量テンソルです．物質場も電磁波もエネルギーと運動量を持ちますので，この$T_{\mu\nu}$に寄与します．

例題 22　アインシュタイン方程式 (1)

アインシュタイン方程式 (5.1) の右辺に現れる $T_{\mu\nu}$ はエネルギー運動量テンソルであり，保存則

$$\nabla_\mu T_{\mu\nu} = 0 \tag{5.2}$$

を満たす．したがって，左辺も

$$\nabla_\mu \left(R_{\mu\nu} - \frac{1}{2} g_{\mu\nu} R \right) = 0 \tag{5.3}$$

を満たさなければならない．

リーマンテンソルに対するビアンキの恒等式[2]

$$\nabla_b R^a{}_{ecd} + \nabla_c R^a{}_{edb} + \nabla_d R^a{}_{ebc} \equiv 0 \tag{5.4}$$

を使って式 (5.3) を示せ．

考え方

アインシュタインは，重力場を決める式は物質場のエネルギー運動量テンソルに比例するはずと考え，$\nabla_\mu (?)^{\mu\nu} = 0$ となる 2 階のテンソルを探していた．ビアンキ恒等式を使えばそれは比較的簡単に求まる．微分幾何の分野ではビアンキ恒等式は当時知られていたはずだが，アインシュタインはそれを知らずに膨大な計算をして求めたようである．鋭い物理的考察から等価原理を見いだしただけでなく，そこから粘り強く複雑な計算をやり抜いて重力の方程式を手にしたアインシュタインの物理研究者としての凄みに圧倒される．

---

[2]証明は文献 [7, 8, 10] などにある．

‖解答‖

ビアンキ恒等式に g^{ce} をかけ，$a = b$ と縮約すると

$$\nabla_a(g^{ce}R^a{}_{ecd}) + \nabla_c(g^{ce}R^a{}_{eda}) + \nabla_d(g^{ce}R^a{}_{eac}) \equiv 0. \quad (5.5)$$

ただし，ここで g^{ab} は共変微分 ∇_c に対して定数のように振る舞う，すなわち，$\nabla_c g^{ab} = 0$ であることを使った．

左辺第1項の括弧の中は

$$g^{ce}R^a{}_{ecd} = g^{ce}g^{ab}R_{becd} = g^{ab}g^{ce}R_{cdbe}$$
$$= g^{ab}R_{db} = R^a{}_d. \quad (5.6)$$

ここで，$R_{abcd} = R_{cdab}$ を使った．R_{db} はリッチテンソル (4.7) である．

第2項の括弧の中は

$$g^{ce}R^a{}_{eda} = g^{ce}R_{ed} = R^c{}_d. \quad (5.7)$$

第3項の括弧の中は

$$g^{ce}R^a{}_{eac} = g^{ce}g^{ab}R_{beac} = -g^{ce}g^{ab}R_{ebac} = -R. \quad (5.8)$$

R はリッチスカラー (4.8) である．

したがって左辺は

$$\nabla_a R^a{}_d + \nabla_c R^c{}_d + -\nabla_d R = \nabla_a(2R^a{}_d - g^a_d R) \quad (5.9)$$

となる．添字 a を下げれば，求める式を得る．

ワンポイント解説

・上下の添字に現れる a, c, e については，和をとっている（アインシュタインの規約．本書冒頭の「記号について」参照．）

・リーマンテンソルは $R_{abcd} = -R_{bacd}$, $R_{abcd} = R_{cdab} = R_{dcba}$ という関係がある．証明は文献 [8] など．これからリッチテンソルが添字について対称であること，すなわち $R_{ab} = R_{ba}$ が得られる．

例題 22 の発展問題

22-1. アインシュタイン方程式の右辺に現れるエネルギー運動量テンソル T^{ab} は，巨視的物体に対しては

$$T^{ab} = (\epsilon + p)u^a u^b + p g^{ab} \tag{5.10}$$

で与えられる[3]．ここで ϵ はエネルギー密度，p は圧力，u^a は式 (2.23) で与えられる 4 元速度である．

非相対論的な系で g^{ab} がミンコフスキー計量 (4.15) で表され，4 元速度が $u^a = (1, v_x, v_y, v_z)$ であるとき，T^{ab} を具体的に書き下せ．

---

[3] 完全流体のエネルギー運動量テンソル．我々の身近なスケールでは分子が集まって流体を作るが，宇宙のスケールでは星や銀河が流体の構成要素になる．

例題 23　一般相対論における測地線方程式

例題 21 で与えられた測地線方程式において，パラメータ s として固有時間 τ をとり，x^a を 4 次元ベクトルとすれば一般相対論の測地線方程式

$$\frac{d^2 x^c}{d\tau^2} + \sum_{ab} \Gamma^c_{ab} \frac{dx^a}{d\tau} \frac{dx^b}{d\tau} = 0 \tag{5.11}$$

となる．ただし，a, b, c は $0, 1, 2, 3$ である．クリストッフェル記号は対応する 4 次元時空の計量で与えられる．

重力場が弱く，速度が光速に比べて小さいときには，上の測地線方程式からニュートンの運動方程式が得られることを示せ．ただし，重力場は時間に依存しないとする（定常的重力場）．

考え方

粒子の速度が遅く，重力場が定常的で弱い場合には測地線方程式がニュートンの運動方程式になることを学ぶ．ニュートンの運動方程式では，粒子は力を受けて運動をするのだが，その運動は，実は計量テンソルをもつ空間で 2 点間を結ぶ最短距離である測地線であったわけである．

重力場が弱いので，時空の歪みを表す計量テンソル g_{ab} はミンコフスキー計量 $\bar{g}_{ab}$ から少ししか違わないとする．つまり

$$g_{ab} = \bar{g}_{ab} + e_{ab} \tag{5.12}$$

とすると，$|e_{ab}| \ll 1$．ただし

$$(\bar{g}_{ab}) = \begin{pmatrix} -1 & & & \\ & +1 & & \\ & & +1 & \\ & & & +1 \end{pmatrix}. \tag{5.13}$$

このとき，クリストッフェル記号

$$\Gamma^a_{bc} = \frac{1}{2} g^{ad} \left(\frac{\partial g_{db}}{\partial x^c} + \frac{\partial g_{dc}}{\partial x^b} - \frac{\partial g_{bc}}{\partial x^d} \right) \tag{5.14}$$

はどのようになるか調べてみよう．右辺の第1項は

$$\frac{1}{2}(\bar{g}^{ad}+e^{ad})\frac{\partial(\bar{g}_{db}+e_{db})}{\partial x^c} = \frac{1}{2}(\bar{g}^{ad}+e^{ad})\frac{\partial e_{db}}{\partial x^c} \sim \frac{1}{2}\bar{g}^{ad}\frac{\partial e_{db}}{\partial x^c}. \tag{5.15}$$

ここで，$\bar{g}_{ad}$ は定数であること，$e^{ad}e_{db}$ は高次の微小量なので無視できることを使っている．これから

$$\Gamma^a_{bc} \sim \frac{1}{2}\bar{g}^{ad}\left(\frac{\partial e_{db}}{\partial x^c} + \frac{\partial e_{dc}}{\partial x^b} - \frac{\partial e_{bc}}{\partial x^d}\right). \tag{5.16}$$

速度 v^i については，$(v^i/c)^2$ が e_{ab} と同じ程度の微小量の場合を考えてみる．固有時 τ は

$$d\tau^2 = -g_{ab}dx^a dx^b \tag{5.17}$$

で与えられるが，g_{ab} に式 (5.12) を代入し，高次の量を落とすと，

$$\begin{aligned} d\tau^2 &= -(\bar{g}_{ab}+e_{ab})dx^a dx^b \\ &= -(cdt)^2\left\{(-1+\vec{v}^2)+e_{00}+e_{0i}v^i+e_{i0}v^i+e_{ij}v^i v^j\right\} \\ &\sim c^2(dt)^2. \end{aligned} \tag{5.18}$$

また，定常的重力場なので

$$\frac{dg_{ab}}{d\tau} = \frac{de_{ab}}{d\tau} = 0. \tag{5.19}$$

‖解答‖

測地線方程式 (5.11) において，$c=i=1,2,3$ の成分は

$$\frac{d^2 x^i}{d\tau^2} + \Gamma^i_{00}\left(\frac{dt}{d\tau}\right)^2 + \Gamma^i_{0j}\left(\frac{dt}{d\tau}\right)\left(\frac{dx^j}{d\tau}\right) + \Gamma^i_{jk}\left(\frac{dx^j}{d\tau}\right)\left(\frac{dx^k}{d\tau}\right) = 0. \tag{5.20}$$

$dx^j/d\tau \sim dx^j/cdt = v^j/c$ は微小量なので左辺の第3項，第4項は無視できて

ワンポイント解説

・j,k も 1,2,3．

→ Γ^i_{00} も微小量だからと落としてはいけない．$\frac{d^2 x^c}{d\tau^2} = \frac{1}{c^2}\frac{d^2 x^c}{dt^2}$ も微小量．

$$\frac{1}{c^2}\frac{d^2 x^i}{dt^2} + \Gamma^i_{00} = 0. \tag{5.21}$$

式 (5.16) より

$$\Gamma^i_{00} = \frac{1}{2}\bar{g}^{ii}\left(\frac{\partial e_{i0}}{\partial x^0} + \frac{\partial e_{i0}}{\partial x^0} - \frac{\partial e_{00}}{\partial x^i}\right) = -\frac{1}{2}\frac{\partial e_{00}}{\partial x^i}. \tag{5.22}$$

・式 (5.19) を使っている

したがって,

$$\frac{d^2 x^i}{dt^2} = \frac{c^2}{2}\frac{\partial e_{00}}{\partial x^i}. \tag{5.23}$$

質量を m として

$$e_{00} = -\frac{2}{c^2 m}V \tag{5.24}$$

とおけば

$$m\frac{d^2 x^i}{dt^2} = -\frac{\partial V}{\partial x^i}. \tag{5.25}$$

すなわち

$$m\frac{d^2 \mathbf{x}}{dt^2} = -\nabla V. \tag{5.26}$$

・$\mathbf{F} = -\nabla V$.

これは V をポテンシャルとするニュートンの運動方程式である.

以上の考察から,

$$g_{00} = \bar{g}_{00} + e_{00} = -1 - \frac{2}{mc^2}V = -1 - \frac{2}{c^2}\phi. \tag{5.27}$$

・ϕ は例題 14 の重力ポテンシャル.

例題 23 の発展問題

23-1. 例題 23 では,測地線方程式の空間成分 ($a = 1, 2, 3$) の近似としてニュートンの運動方程式を得た.ニュートンの運動方程式は外力がないときは運動量保存則になる.このことから,測地線方程式の時間成分 $a = 0$ の近似は何に相当するか予測せよ(実際に計算しなくてもよい)[4].

---

[4] 文献 [10] の 17 節に具体的な計算が示されている.

例題 24　アインシュタイン方程式 (2)

アインシュタイン方程式 (5.1) がニュートン近似では例題 14 の式 (3.40) に帰着することを要請して

$$\kappa = \frac{8\pi G}{c^4} \tag{5.28}$$

となることを示せ．

考え方

ここまでで，アインシュタイン方程式でリッチテンソルとリッチスカラーから作られたアインシュタインテンソルがエネルギー運動量テンソルに比例することがわかった．この問題によってその係数 κ が決まり，重力場に対する一般相対論の式，アインシュタイン方程式が完成する．

例題 22 の発展問題で与えたエネルギー運動量テンソル T^{ab} が非相対論的な系ではどうなるか考えてみる．速度 v^i が小さいので $u^a \sim (1,0,0,0)$ とし，圧力 p はエネルギー密度 ϵ に比べて無視できるとすれば，T^{ab} でゼロでない項は T^{00} だけで，

$$T^{00} \sim \epsilon \sim \rho c^2. \tag{5.29}$$

ここで，ρ は質量密度．速度が小さいときはエネルギーはほとんど質量エネルギーであるということを使った．

‖解答‖

アインシュタイン方程式の両辺に $g^{\mu\nu}$ をかけて

$$g^{\mu\nu} R_{\mu\nu} - \frac{1}{2} g^{\mu\nu} g_{\mu\nu} R = -\kappa g^{\mu\nu} T_{\mu\nu} \tag{5.30}$$

$$g^{\mu\nu} R_{\mu\nu} = R, \tag{5.31}$$

$$g^{\mu\nu} g_{\mu\nu} = 4, \tag{5.32}$$

$$g^{\mu\nu} T_{\mu\nu} = T \tag{5.33}$$

なので，

ワンポイント解説

・$g^{\mu\nu} g_{\mu\nu} = \delta^\mu{}_\mu = 4$，ここで

$$\sum_{\mu=0,1,2,3} \sum_{\nu=0,1,2,3}$$

と和をとっている．

$$R - 2R = -\kappa T \qquad (5.34)$$

つまり,
$$R = \kappa T. \qquad (5.35)$$

ここで,$\sum_{\mu\nu} g^{\mu\nu} A_{\mu\nu} = \sum_\mu A_\mu^\mu$ なので,$g^{\mu\nu}$ をかけて μ, ν について和をとるということは行列と考えたときに A_μ^ν の対角成分の和(トレースという)をとるということになる.

したがって,アインシュタイン方程式は,
$$\begin{aligned} R_{\mu\nu} &= -\kappa T_{\mu\nu} + \frac{1}{2} g_{\mu\nu} R \\ &= -\kappa \left(T_{\mu\nu} - \frac{1}{2} g_{\mu\nu} T \right). \end{aligned} \qquad (5.36)$$

いま,エネルギー運動量テンソルでゼロでないのは T_{00} だけなので,
$$T = g^{\mu\nu} T_{\mu\nu} = g^{00} T_{00}. \qquad (5.37)$$

式 (5.36) の $\mu = 0, \nu = 0$ 成分は,
$$\begin{aligned} R_{00} &= -\kappa \left(T_{00} - \frac{1}{2} g_{00} T \right) \\ &= -\kappa \left(1 - \frac{1}{2} g_{00} g^{00} \right) T_{00} \\ &= -\kappa \left(1 - \frac{1}{2} (\bar{g}_{00} + e_{00})(\bar{g}^{00} + e^{00}) \right) T_{00} \\ &= -\kappa (1 - \frac{1}{2}) \rho c^2 = -\frac{\kappa}{2} \rho c^2. \end{aligned} \qquad (5.38)$$

・e_{00}, e^{00} の項を微小な量として落としている.

次に 2 階のリッチテンソル R_{00} を調べる.
$$\begin{aligned} R_{00} &= \sum_a R_{00a}^a \\ &= \frac{\partial \Gamma_{0a}^a}{\partial x^0} - \frac{\partial \Gamma_{00}^a}{\partial x^a} + \Gamma_{c0}^a \Gamma_{0a}^e - \Gamma_{ea}^a \Gamma_{00}^e. \end{aligned} \qquad (5.39)$$

・e について和をとっている.

例題 23 の式 (5.16) より,定常重力場では右辺の第 1 項はゼロ.第 3 項,第 4 項は e_{ab} の微小量 Γ の 2 乗な

ので落とすことができる．

$$R_{00} = -\sum_{a=0}^{3} \frac{\partial \Gamma_{00}^a}{\partial x^a} = -\sum_{a=1}^{3} \frac{\partial \Gamma_{00}^a}{\partial x^a}$$
$$= +\sum_{a=1}^{3} \frac{1}{2}\left(\frac{\partial}{\partial x^a}\right)^2 e_{00} = \frac{1}{2}(\boldsymbol{\nabla})^2 e_{00}. \quad (5.40)$$

- $\Gamma_{00}^0 = 0$ を使った．
- 式 (5.22) を使った．
- $\boldsymbol{\nabla} g_{ab} = \boldsymbol{\nabla}(\bar{g}_{ab} + e_{ab})$ を使っている．

これから，
$$\boldsymbol{\nabla}^2 g_{00} = -\kappa \rho c^2. \quad (5.41)$$

例題 23 式 (5.27) の g_{00} を式 (5.41) に代入して
$$-\frac{2}{c^2}\boldsymbol{\nabla}^2 \phi = -\kappa \rho c^2. \quad (5.42)$$

すなわち，
$$\boldsymbol{\nabla}^2 \phi = \frac{1}{2}\kappa c^4 \rho. \quad (5.43)$$

第 3 章の式 (3.40) で，ニュートンの運動方程式は
$$\boldsymbol{\nabla}^2 \phi = 4\pi G \rho \quad (5.44)$$
と書けることをみた．この式と比較して
$$\kappa = \frac{8\pi G}{c^4} \quad (5.45)$$
となる．

例題 24 の発展問題

24-1. 万有引力定数は
$$G = 6.67 \times 10^{-11} \text{ m}^3 \cdot \text{kg}^{-1} \cdot \text{s}^{-2}$$
である．アインシュタイン方程式の κ を求めよ．

例題 25 シュバルツシルト解

時間に依存しない場合を考える.

I) 球対称の場合には
$$ds^2 = -e^{2f(r)}(cdt)^2 + e^{2g(r)}dr^2 + r^2 d\theta^2 + r^2 \sin^2\theta d\phi^2 \qquad (5.46)$$
と書けることを示せ.

II) 計量 $g_{\mu\nu}$, $g^{\mu\nu}$ を求めよ.

III) この計量テンソルからクリストッフェルの記号 Γ^a_{bc} (4.5) を求めよ.

IV) この Γ^a_{bc} から, 式 (4.7) で定義されるリッチテンソル R_{bc} を求めよ.

V) 原点を中心とした有限な領域に物質が球対称に分布しており, その外側には物質がない場合に, $e^{2f(r)}$, $e^{2g(r)}$ を求めよ.

得られた結果はシュバルツシルト解と呼ばれる.

考え方

ニュートンの運動方程式は微分方程式の形をしているので, 力が与えられたときにこの方程式を解けば, 物体がどのように変化していくのかわかるだろうと思える.

マクスウェルの方程式も, 偏微分が出てきて少し複雑だが, 慣れればこの方程式から電場や磁場が決まってくるのがわかる.

では, アインシュタイン方程式
$$R_{\mu\nu} - \frac{1}{2}g_{\mu\nu}R = -\kappa T_{\mu\nu} \qquad (5.47)$$
はどうだろうか. 見慣れない記号が出てくるので, なかなかわかりにくいのだが, これもやはり微分方程式である. 物質が作り出すエネルギー運動量テンソル $T_{\mu\nu}$ が右辺にあり, 左辺のリッチテンソル $R_{\mu\nu}$, リッチスカラー R の中に含まれる計量テンソルがこの方程式から決まるはずである.

それを実感するために, 非常に簡単な場合を解いてみよう. 途中の計算はとても大変だが, 実際に計算をしてみると, そういうことか！ と思えるはずである. いくつかのステップに分けて一歩ずつ進んでいこう[5]. 次

---

[5] これは有名なシュバルツシルトの厳密解と呼ばれるもので, アインシュタイン方程式が発表されてすぐに第一次世界大戦に従軍していたシュバルツシルトによって 1915 年に解かれた. シュバルツシルトは次の年に 42 歳で前線で亡くなっている.

の第6章で見るように，このシュバルツシルト解はブラックホールの存在を示している．

‖解答‖

I) 球対称な解を考えるため，座標として，$(x_0, x_1, x_2, x_3) = (ct, r, \theta, \phi)$ を選ぶことにする．

$$ds^2 = g_{tt}(cdt)^2 + g_{rr}dr^2 + g_{\theta\theta}d\theta^2 + g_{\phi\phi}d\phi^2. \tag{5.48}$$

$\mu \neq \nu$ なら

$$g_{\mu\nu} = 0 \tag{5.49}$$

としている．

式 (5.46) から

$$g_{\theta\theta} = r^2 \tag{5.50}$$

$$g_{\phi\phi} = r^2 \sin^2\theta. \tag{5.51}$$

g_{tt}, g_{rr} はこれから決めていくことになるが，特殊相対論では $g_{tt} = -1$, $g_{rr} = 1$ となること，球対称で時間に依存しない解を求めたいので，r だけの関数であるとして

$$g_{tt} = -e^{2f(r)} \tag{5.52}$$

$$g_{rr} = e^{2h(r)} \tag{5.53}$$

とおく．$f(r)$, $h(r)$ が $-\infty$ から $+\infty$ まで変化するとき，g_{tt} はゼロから $-\infty$ まで，g_{rr} はゼロから $+\infty$ まで変化する．

式 (5.48) に代入すると

$$ds^2 = -e^{2f(r)}(cdt)^2 + e^{2h(r)}dr^2 + r^2 d\theta^2 + r^2 \sin^2\theta d\phi^2. \tag{5.54}$$

II) $g^{\mu\nu}g_{\mu\lambda} = \delta^\mu{}_\lambda$ から

$$g^{tt} = 1/g_{tt} = -e^{-2f}$$

$$g^{rr} = 1/g_{rr} = e^{-2h}$$

ワンポイント解説

・2 は別になくてもいいが，途中の式が奇麗になる．

・$\mu \neq \nu$ のとき $g_{\mu\nu} = 0$ を使っている．

$$g^{\theta\theta} = 1/g_\theta = \frac{1}{r^2}$$
$$g^{\phi\phi} = 1/g_{\phi\phi} = \frac{1}{r^2 \sin^2\theta}. \quad (5.55)$$

III) 第4章の大きな到達点が，接続係数であるクリストッフェル記号は計量テンソルで表現できるということであった．

$$\Gamma^a_{bc} = \frac{1}{2} g^{ad} \left(\frac{\partial g_{db}}{\partial x^c} + \frac{\partial g_{dc}}{\partial x^b} - \frac{\partial g_{bc}}{\partial x^d} \right). \quad (5.56)$$

計量テンソルが未知関数 $f(r)$, $h(r)$ を含んだ形で与えられたので，これを式(5.56)に代入すればクリストッフェル記号が求まり，クリストッフェル記号がわかればリッチテンソル $R_{\mu\nu}$ がわかり，それを式(5.47)に代入すれと，解くべき方程式が得られる．

式(5.56)で $a = t$ であるもの（このとき d も t と等しい）は

$$\Gamma^t_{tt} = \frac{1}{2} g^{td} \left(\frac{\partial g_{dt}}{\partial t} + \frac{\partial g_{dt}}{\partial t} - \frac{\partial g_{rt}}{\partial t} \right)$$
$$= \frac{1}{2} g^{tt} \frac{\partial g_{tt}}{\partial t} = \frac{df}{dt} = 0 \quad (5.57)$$
$$\Gamma^t_{r\theta} = \frac{1}{2} g^{td} \left(\frac{\partial g_{dr}}{\partial \theta} + \frac{\partial g_{d\theta}}{\partial r} - \frac{\partial g_{r\theta}}{\partial x^d} \right)$$
$$= 0 \quad (5.58)$$
$$\Gamma^t_{rt} = \frac{1}{2} g^{tt} \left(\frac{\partial g_{tr}}{\partial t} + \frac{\partial g_{tt}}{\partial r} - \frac{\partial g_{rt}}{\partial t} \right)$$
$$= \frac{1}{2} e^{-2f} \frac{\partial}{\partial r} e^{2f} = \frac{df}{dr} \quad (5.59)$$
$$\Gamma^t_{tr} = \frac{df}{dr}. \quad (5.60)$$

・d について和をとっている．

・$a \neq b$ ならば $g^{ab} = 0, g_{ab} = 0$ であることを利用してゼロになる項は早い段階で落とす．式(5.56)の左辺の添字 a は右辺でも上付き，b, c は下付き，g^{ad} の d の和をとる相手は下付きなどを頭に入れておくと効率よく計算できる．

・式(5.58)では g^{td} の項から，$d = t$. このとき括弧の中の g はすべてゼロ．

式 (5.56) で $a = r$ であるものは

$$\Gamma^r_{tt} = \frac{1}{2} g^{rd} \left(\frac{\partial g_{dt}}{\partial t} + \frac{\partial g_{dt}}{\partial t} - \frac{\partial g_{tt}}{\partial x^d} \right)$$

$$= -\frac{1}{2} g^{rr} \frac{\partial g_{tt}}{\partial r}$$

$$= \frac{1}{2} e^{-2g} \frac{\partial}{\partial r} e^{2f} = \frac{df}{dr} e^{2(f-h)} \quad (5.61)$$

$$\Gamma^r_{rr} = \frac{1}{2} g^{rr} \frac{\partial g_{rr}}{\partial r} = \frac{1}{2} e^{-2h} \frac{d}{dr} e^{2h}$$

$$= \frac{dh}{dr} \quad (5.62)$$

$$\Gamma^r_{\theta\theta} = \frac{1}{2} g^{rr} (-\frac{\partial g_{\theta\theta}}{\partial r}) = -\frac{1}{2} e^{-2h} \frac{d}{dr} r^2$$

$$= -e^{-2h} r \quad (5.63)$$

$$\Gamma^r_{\phi\phi} = \frac{1}{2} g^{rr} (-\frac{\partial g_{\phi\phi}}{\partial r}) = -\frac{1}{2} e^{-2h} \frac{d}{dr} r^2 \sin^2\theta$$

$$= -e^{-2h} r \sin^2\theta. \quad (5.64)$$

式 (5.56) で $a = \theta$ であるものは

$$\Gamma^\theta_{r\theta} = \frac{1}{2} g^{\theta\theta} \frac{\partial g_{\theta\theta}}{\partial r} = \frac{1}{2} \frac{1}{r^2} \frac{d}{dr} r^2 = \frac{1}{r}. \quad (5.65)$$

$$\Gamma^\theta_{\theta r} = \frac{1}{r} \quad (5.66)$$

$$\Gamma^\theta_{\phi\phi} = -\frac{1}{2} g^{\theta\theta} \frac{\partial g_{\phi\phi}}{\partial \theta} = -\frac{1}{2} \frac{1}{r^2} \frac{d}{d\theta} r^2 \sin^2\theta$$

$$= -\sin\theta \cos\theta. \quad (5.67)$$

式 (5.56) で $a = \phi$ であるものは

$$\Gamma^\phi r\phi = \frac{1}{2} g^{\phi\phi} \frac{\partial g_{\phi\phi}}{\partial r} = \frac{1}{2} \frac{1}{r^2 \sin^2\theta} \frac{d}{dr} r^2 \sin^2\theta$$

$$= \frac{1}{r} \quad (5.68)$$

$$\Gamma^\phi \phi r = \frac{1}{r} \quad (5.69)$$

$$\Gamma^\phi \phi \theta = \frac{1}{2} g^{\phi\phi} \frac{\partial g_{\phi\phi}}{\partial \theta} = \frac{1}{2} \frac{1}{r^2 \sin^2\theta} \frac{d}{d\theta} r^2 \sin^2\theta$$

$$= \frac{\cos\theta}{\sin\theta} \quad (5.70)$$

$$\Gamma^\phi{}_{\theta\phi} = \frac{\cos\theta}{\sin\theta}. \tag{5.71}$$

これ以外のクリストッフェル記号 Γ^a_{bc} はゼロである.

IV) 次にリッチテンソル (4.7) を求める.

$$\begin{aligned}R_{bc} &= R^a{}_{bca} \\ &= \frac{\partial \Gamma^a_{ab}}{\partial x^c} - \frac{\partial \Gamma^a_{cb}}{\partial x^a} \\ &\quad + \Gamma^a_{cd}\Gamma^d_{ab} - \Gamma^a_{ad}\Gamma^d_{cb}\end{aligned} \tag{5.72}$$

$$f' \equiv \frac{df}{dr}, \quad f'' \equiv \frac{d^2f}{dr^2}, \quad h' \equiv \frac{dh}{dr} \tag{5.73}$$

とおく.

・上と同様に書き下してみるとただちにわかる.

リッチテンソル R_{bc} のうち, $b=c=t$ であるものは,

$$\begin{aligned}R_{tt} &= -\frac{\partial \Gamma^r_{tt}}{\partial r} + \Gamma^t_{tr}\Gamma^r_{tt} + \Gamma^r_{tt}\Gamma^t_{rt} \\ &\quad - \Gamma^t_{tr}\Gamma^r_{tt} - \Gamma^r_{rr}\Gamma^r_{tt} - \Gamma^\theta{}_{\theta r}\Gamma^r_{tt} - \Gamma^\phi{}_{\phi r}\Gamma^r_{tt} \\ &= \left(-f'' - f'^2 + f'h' - \frac{2}{r}f'\right) \\ &\quad \times e^{2(f-h)}. \end{aligned} \tag{5.74}$$

$b=c=r$ であるものは,

$$\begin{aligned}R_{rr} &= \frac{\partial \Gamma^t_{tr}}{\partial r} + \frac{\partial \Gamma^r_{rr}}{\partial r} + \frac{\partial \Gamma^\theta{}_{\theta r}}{\partial r} + \frac{\partial \Gamma^\phi{}_{\phi r}}{\partial r} \\ &\quad - \frac{\partial \Gamma^r{}_{rr}}{\partial r} + \Gamma^t_{rt}\Gamma^t_{tr} + \Gamma^r_{rr}\Gamma^r_{rr} + \Gamma^\theta_{r\theta}\Gamma^\theta_{\theta r} \\ &\quad + \Gamma^\phi{}_{r\phi}\Gamma^\phi{}_{\phi r} - \Gamma^t_{tr}\Gamma^r_{rr} - \Gamma^r_{rr}\Gamma^r_{rr} \\ &\quad - \Gamma^\theta{}_{\theta r}\Gamma^r_{rr} - \Gamma^\phi{}_{\phi\theta}\Gamma^\theta{}_{rr} \\ &= \left(f'' + g'' + 2\frac{d}{dr}\frac{1}{r}\right) - h'' \\ &\quad + f'^2 + h'^2 + 2\frac{1}{r^2} - f'h' - h'^2 - 2\frac{1}{r}h' \\ &= f'' + f'^2 - f'h' - \frac{2}{r}h'. \end{aligned} \tag{5.75}$$

$b = c = \theta$ であるものは,

$$R_{\theta\theta} = \frac{\partial \Gamma^\phi_{\phi\theta}}{\partial \theta} - \frac{\partial \Gamma^r_{\theta\theta}}{\partial r}$$
$$+ \Gamma^r_{\theta\theta}\Gamma^\theta_{r\theta} + \Gamma^\theta{}_{\theta r}\Gamma^r{}_{\theta\theta} + \Gamma^\phi{}_{\theta\phi}\Gamma^\phi{}_{\phi\theta}$$
$$- \Gamma^t_{tr}\Gamma^r_{\theta\theta} - \Gamma^r_{rr}\Gamma^r_{\theta\theta} - \Gamma^\theta_{\theta r}\Gamma^r_{\theta\theta} - \Gamma^\phi{}_{\phi r}\Gamma^r_{\theta\theta}$$
$$= e^{-2h}\left((f' - h')r + 1\right) - 1. \tag{5.76}$$

・ $\frac{d}{d\theta}\frac{\cos\theta}{\sin\theta} + (\frac{\cos\theta}{\sin\theta})^2 = -1$ を使った.

$b = c = \phi$ であるものは,

$$R_{\phi\phi} = R^a_{\phi\phi a}$$
$$= \frac{\partial \Gamma^a_{\phi a}}{\partial \phi} - \frac{\partial \Gamma^a_{\phi\phi}}{\partial x^a} + \Gamma^a_{e\phi}\Gamma^e_{\phi a} - \Gamma^a_{ea}\Gamma^e_{\phi\phi}$$
$$= ① - ② + ③ - ④. \tag{5.77}$$

$\Gamma^a_{\phi a}$ は ϕ に依存しないので,

$$① = 0. \tag{5.78}$$

$\Gamma^a_{\phi\phi}$ でゼロでないのは $a = r$ と $a = \theta$ の 2 つの場合なので,

$$② = \frac{\partial \Gamma^r_{\phi\phi}}{\partial r} + \frac{\partial \Gamma^\theta_{\phi\phi}}{\partial \theta}$$
$$= \sin^2\theta\left(2rh'e^{-2h} - e^{-2h} + 2\right) - 1. \tag{5.79}$$

$\Gamma^a_{e\phi}\Gamma^e_{\phi a}$ がゼロでないのは, $a = r, e = \phi$ と, $a = \theta, e = \phi$ と $e = r, a = \phi$ と, $e = \theta, a = \phi$ の場合なので,

$$③ = \Gamma^r_{\phi\phi}\Gamma^\phi_{\phi r} + \Gamma^\theta_{\phi\phi}\Gamma^\phi_{\phi\theta}$$
$$+ \Gamma^\phi_{r\phi}\Gamma^r_{\phi\phi} + \Gamma^\phi_{\theta\phi}\Gamma^\theta_{\phi\phi}$$
$$= \sin^2\theta\left(-2e^{-2h} + 2\right) - 2. \tag{5.80}$$

$\Gamma^a_{ea}\Gamma^e_{\phi\phi}$ がゼロでないものを考える. $\Gamma^e_{\phi\phi} \neq 0$ であるのは, $e = r$ と $e = \theta$. $\Gamma^a_{ra} \neq 0$ であるのは, $a = t, r, \theta, \phi$. $\Gamma^a_{\theta a} \neq 0$ であるのは, $a = \phi$.

$$④ - \Gamma^a_{ra}\Gamma^r_{\phi\phi} + \Gamma^a_{\theta a}\Gamma^\theta_{\phi\phi}$$
$$= \left(\Gamma^t_{rt} + \Gamma^r_{rr} + \Gamma^\theta_{r\theta} + \Gamma^\phi_{r\phi}\right)\Gamma^r_{\phi\phi} + \Gamma^\phi_{\theta\phi}\Gamma^\theta_{\phi\phi}$$
$$= -\sin^2\theta\left\{e^{-2h}[r(f'+h')+2]-1\right\} - 1 \tag{5.81}$$

以上の項を足しあわせると，
$$R_{\phi\phi} = ① - ② + ③ - ④$$
$$= \sin^2\theta$$
$$\times \left\{e^{-2h}[r(f'-h')+1]-1\right\}. \tag{5.82}$$

V) 原点を中心として有限な領域に物質が球対称に分布していて，その質量が M である場合を考える．その物体の外では
$$T_{\mu\nu} = 0 \tag{5.83}$$
なので，アインシュタイン方程式 (4.1) の右辺はゼロ．

また，このとき式 (5.35) の右辺がゼロなので $R = 0$.

したがって，アインシュタイン方程式の左辺の第2項もゼロになるので，
$$R_{\mu\nu} = 0 \tag{5.84}$$
を解けばよい．

$R_{tt} = 0$ から
$$-f'' - f'^2 + f'h' - \frac{2}{r}f' = 0. \tag{5.85}$$

$R_{rr} = 0$ から
$$f'' + f'^2 - f'h' - \frac{2}{r}h' = 0. \tag{5.86}$$

$R_{\theta\theta} = 0$ から

・例題 20 の半球のときと同じく $R_{\phi\phi} = \sin^2\theta R_{\theta\theta}$ となる．リッチテンソルは曲率に関係した量なので，$\theta = \pi/2$ で，$R_{\phi\phi} = R_{\theta\theta}\,\theta = 0$ で $R_{\phi\phi} = 0$ となるのは自然である．

・例題 24 の解答の始めの部分で，$R \propto \sum g^{\mu\nu}T_{\mu\nu}$ となることをアインシュタイン方程式から示した．

$R_{\phi\phi} = \sin^2\theta R_{\theta\theta}$ なので，$R_{\phi\phi} = 0$ は式 (5.87) と同じ．

$$e^{-2h}\left((f'-h')r+1\right)-1=0. \qquad (5.87)$$

式 (5.85) と式 (5.86) を足して,

$$\frac{d}{dr}(f+h)=0. \qquad (5.88)$$

したがって, $f(r)+h(r)=C$ (C は積分定数). 無限のかなた, $r\to\infty$, では空間は平坦であるとすれば,

$$g_{tt}\to -1$$
$$g_{rr}\to +1. \qquad (5.89)$$

式 (5.52), (5.53) から,

$$f(r)\to 0 \qquad (5.90)$$
$$h(r)\to 0. \qquad (5.91)$$

したがって, $C=0$ となり

$$h(r)=-f(r). \qquad (5.92)$$

これを式 (5.87) に代入すると

$$e^{2f}\left(2rf'+1\right)=1. \qquad (5.93)$$

左辺は $(re^{2f})'$ なので

$$\frac{d}{dr}\left(re^{2f}\right)=1. \qquad (5.94)$$

これから

$$re^{2f}=r+\text{積分定数} \qquad (5.95)$$

となる. 積分定数を $-\alpha$ とおけば

$$e^{2f}=1-\frac{\alpha}{r}. \qquad (5.96)$$

したがって,

$$g_{tt}=-e^{2f}=-(1-\frac{\alpha}{r})$$
$$g_{rr}=e^{2h}=e^{-2f}=\frac{1}{1-\alpha/r}. \qquad (5.97)$$

これを式 (5.54) に入れて

・ $r\to\infty$ で $f\to 0$ となり式 (5.90) を満たす.

$$ds^2 = -(1-\frac{\alpha}{r})(cdt)^2 + \frac{1}{1-\alpha/r}dr^2$$
$$+ r^2 d\theta^2 + r^2 \sin^2\theta d\phi^2. \quad (5.98)$$

これがシュバルツシルト解である．

例題 25 の発展問題

25-1. シュバルツシルト解 (5.98) では α は積分定数である．式 (5.27) において，原点に質量 M の物質がある場合はニュートンポテンシャルは

$$\phi = -\frac{GM}{r} \quad (5.99)$$

であることを使い，$r \to \infty$ で g_{00} がこのポテンシャルで与えられるものになるように選ぶと，シュバルツシルト解は

$$ds^2 = -(1-\frac{2GM}{c^2 r})(cdt)^2 + \frac{1}{1-2GM/rc^2}dr^2 + r^2 d\theta^2 + r^2 \sin^2\theta d\phi^2 \quad (5.100)$$

となることを示せ．

25-2. $R_s \equiv \frac{2GM}{c^2}$ とすると，上式 (5.100) の g_{tt}, g_{rr} は

$$r = R_s \quad (5.101)$$

でゼロ，および無限大になる．またその前後で符号を変えるので，$r < R_s$ の領域は特異な時空構造をもつことが予想される．

太陽質量 $M = 2.0 \times 10^{30}$ Kg に対して R_s を求めよ．

25-3. $d\theta = 0$, $d\phi = 0$ とし，動径方向の光の運動が $ds = 0$ で与えられるとすると光の速度は

$$\frac{dr}{dt} = \pm c \left(\frac{R_s}{r} - 1\right) \quad (5.102)$$

となることを示せ．シュバルツシルト解が $r < R_s$ でも成り立つことを仮定して，$r = R_s$ の球の中から外に向かう光の速度は R_s に近づくにつれて遅くなり，外に出て来られない（ブラックホール）ことを説明せよ．

25-4. $v^a \equiv dx^a/d\tau$ とすると測地線方程式 (5.11) の t 成分は

$$\frac{dv^t}{d\tau} + \sum_{ab} \Gamma^t_{ab} v^a v^b = 0 \tag{5.103}$$

である．式 (5.56) およびそれに続く計算から，Γ^t_{ab} のうちゼロでないものは Γ^t_{rt}, Γ^t_{tr} の 2 つで，それらは

$$\Gamma^t_{rt} = \Gamma^t_{tr} = \frac{1}{2} g^{tt} \frac{\partial g_{tt}}{\partial r} \tag{5.104}$$

となる．したがって式 (5.103) は

$$\frac{dv^t}{d\tau} + g^{tt} \frac{\partial g_{tt}}{\partial r} v^r v^t = 0 \tag{5.105}$$

となる．式 (5.55) からシュバルツシルト解の g_{tt} は r だけの関数なので

$$\frac{\partial g_{tt}}{\partial r} v^r = \frac{dg_{tt}}{dr} \frac{dr}{d\tau} = \frac{dg_{tt}}{d\tau} \tag{5.106}$$

となること，および $g_{tt} = 1/g^{tt}$ に注意して，測地線方程式から

$$\frac{d}{d\tau}(g_{tt} v^t) = 0 \tag{5.107}$$

となることを示せ．これから C を積分定数として v^t が以下のように求まる．

$$v^t = C/g_{tt}. \tag{5.108}$$

25-5. 前問に引き続き $v^a \equiv dx^a/d\tau$ とし，$d\theta = 0$, $d\phi = 0$ とする．動径に沿って中心に向かう物質の運動を考える．

$$d\tau^2 = -g_{\mu\nu} dx^\mu dx^\nu \tag{5.109}$$

より

$$g_{\mu\nu} \frac{dx^\mu}{d\tau} \frac{dx^\nu}{d\tau} = -1. \tag{5.110}$$

すなわち

$$g_{tt}(v^t)^2 + g_{rr}(v^r)^2 = -1 \tag{5.111}$$

である．シュバルツシルト解では

$$g_{rr} = -1/g_{tt}. \tag{5.112}$$

であり，$g_{tt} = -1 + \frac{2GM}{c^2 r}$ であることを使って，

$$v^r = -\sqrt{C^2 - 1 + \frac{R_s}{r}} \tag{5.113}$$

となることを示せ．C は前問の積分定数である．

25-6. 発展問題 25-4，25-5 より

$$\frac{dt}{dr} = \frac{v^t}{v^r}$$

$$= \frac{C}{-1 + R_s/r} \times \frac{-1}{\sqrt{C^2 - 1 + R_s/r}} \tag{5.114}$$

となる．

$$r = R_s + \epsilon \tag{5.115}$$

とおけば，ϵ が小さいときには

$$\frac{dt}{dr} = \frac{r}{\epsilon} = \frac{R_s}{r - R_s} \tag{5.116}$$

となることを示せ．これを積分すると

$$t = R_s \log(r - R_S). \tag{5.117}$$

すなわち，r が R_s に到達するまでには無限の時間がかかることがわかる．

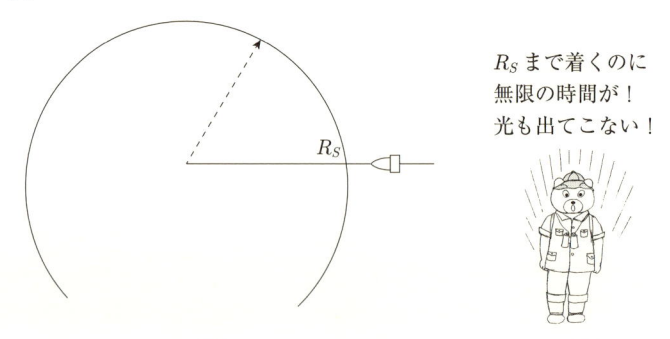

図 5.2: $R_s = \frac{2GM}{c^2}$ の中から光は出てこない．$R_s = \frac{2GM}{c^2}$ に近づく物質は観測者の時間 t では到達までに無限の時間が経過する．

例題 26 GPS

GPS 衛星は高度約 2 万 km の上空で 1 日に 2 回地球を 1 周している．

地球の半径を約 6400 km，重力加速度を $g = 9.8\,\mathrm{m/s^2}$ として以下の計算をせよ．

I) GPS 衛星の速度を求め，特殊相対論による GPS の中の時計の遅れを計算せよ．

II) 重力の効果による GPS 時計の補正を計算せよ．

いずれも，地球の中心から無限に遠く離れた慣性系にいる観測者の時計からの補正を考えることにする．

考え方

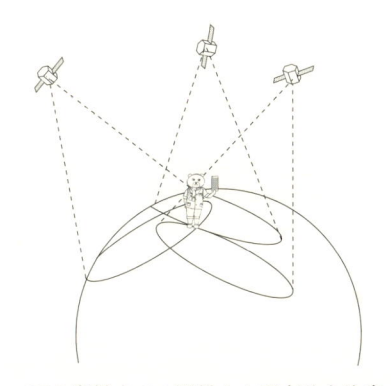

図 5.3: GPS 衛星までの距離から現在地を決定．

日常生活の一部となっている GPS は，図 5.3 のように，3 つの GPS 衛星からの距離を知ることで現在地を計算する[6]．距離を知るために，GPS 衛星は時刻と自分の位置を定期的に発信しているので，我々はこの信号を受信して発信時刻からの遅れ時間を計算し，それに光速をかけたものが GPS 衛星からの距離になる．

このためには，我々の GPS の中の時計と，GPS 衛星の時計が合っていないと困る．GPS で要求される精度のためには，特殊相対論による効果（高速での運動）と一般相対論による効果（重力の効果）が無視でき

---
[6]実際には GPS 機器の時計の修正のために 4 つ利用する．

ず，驚いたことに一般相対論による効果の方が大きくなる．

I) GPS 衛星の速度を V とすると，静止している地上の時刻 $t_{地上}$ と衛星の中での時間 $t_{衛星}$，座標 $x_{衛星}$ はローレンツ変換で結びつけられているので

$$ct_{地上} = \gamma(ct_{衛星} + x_{衛星}V/c) \tag{5.118}$$

ただし $\gamma = 1/\sqrt{1-(V/c)^2}$．衛星の時計は $x_{衛星} = 0$ におかれているとすれば

$$t_{衛星} = t_{地上}/\gamma = \sqrt{1-(V/c)^2}\,t_{地上}. \tag{5.119}$$

この特殊相対論の効果のために時間の補正が必要になる．

II) 重力場の中の時計は遅れる．なぜなら，以下に説明するように，加速度運動をしている系の時計は遅れ，等価原理により重力がある系は加速度系と区別がつかないはずだからである[7]．

まず，図 5.4 のように加速度 α で上昇している家があったとして，その 2 階から一定の時間間隔で光のパルスが発射され，それを 1 階で測定したとする．

時刻 $t=0$ での 1 階の測定器の位置の座標を $z_1(0) = 0$ とすれば，時刻 t での 1 階の測定器の位置 $z_1(t)$，2 階の光源の位置 $z_2(t)$ は，

$$\begin{aligned}z_1(t) &= \frac{1}{2}\alpha t^2 \\ z_2(t) &= \frac{1}{2}\alpha t^2 + L.\end{aligned} \tag{5.120}$$

時刻 $t=0$ で 2 階から最初の光が発射され，時刻 $t = t_1$ で 1 階でその光を観測したとすれば光がその間に進む距離は ct_1 なので，

$$z_2(0) - z_1(t_1) = ct_1. \tag{5.121}$$

2 番目のパルスが 2 階で Δt_2 秒後に発射され，1 階で $t_1 + \Delta t_2$ 秒後に

---

[7]この問題は，原点を中心として有限な領域に物質が球対称に分布していてその外側では物質がない場合なので，例題 25 のシュバルツシルト解の応用問題として解くこともできる．

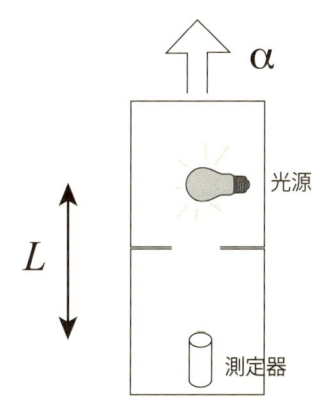

図5.4: 加速度 α で上昇する家で 2 階から発信される光のパルスを 1 階の測定器で観測.

観測されたとすれば，

$$z_2(\Delta t_2) - z_1(t_1 + \Delta t_1) = c(t_1 + \Delta t_1 - \Delta t_2). \tag{5.122}$$

式 (5.120) を z_1, z_2 に代入し，パルスの間隔は短いとして $(\Delta t_1)^2$, $(\Delta t_2)^2$ を落とせば，

$$L - \frac{1}{2}\alpha t_1{}^2 = ct_1 \tag{5.123}$$

$$L - \frac{1}{2}\alpha t_1{}^2 - \alpha t_1 \Delta t_1 = c(t_1 + \Delta t_1 - \Delta t_2). \tag{5.124}$$

第1式から第2式を引くと

$$\alpha t_1 \Delta t_1 = c(\Delta t_2 - \Delta t_1). \tag{5.125}$$

この式から t_1 を求め，第1式に代入して整理すると，

$$L = \frac{c^2}{2\alpha}\left(\left(\frac{\Delta t_2}{\Delta t_1}\right)^2 - 1\right). \tag{5.126}$$

これから

$$\frac{\Delta t_2}{\Delta t_1} = \sqrt{1 + \frac{2\alpha L}{c^2}}. \tag{5.127}$$

普通の状況では $\frac{\alpha L}{c^2} \ll 1$ なので，

$$\Delta t_1 = \Delta t_2 \left(1 + \frac{2\alpha L}{c^2}\right)^{1/2} \sim \Delta t_2 \left(1 - \frac{\alpha L}{c^2}\right). \tag{5.128}$$

‖解答‖

I) 地球の中心から GPS 衛星までの距離は
$R = R_{地球} + r = (6400 + 20000)\,\text{km} = 26400\,\text{km}.$
ただし $R_{地球} = 6400\,\text{km}$ は地球の半径,$r = 20000\,\text{km}$ は地表からの GPS 衛星の高度である.
1 日に 2 周するのでその速度は,
$V = \frac{2 \times 2 \times \pi R}{24 \times 3600} = 3.84\,\text{km/s}.$
式 (5.119) から

$$t_{衛星} = \sqrt{1-(V/c)^2}\,t_{地上} \sim \left(1 - \frac{1}{2}\left(\frac{V}{c}\right)^2\right) t_{地上}$$
$$= t_{地上} - \frac{1}{2}\left(\frac{V}{c}\right)^2 t_{地上}. \tag{5.129}$$

したがって,特殊相対論効果での時計の遅れの割合は $\frac{1}{2}\left(\frac{V}{c}\right)^2 = 0.820 \times 10^{-10}$.

II) 加速度 α で動いている部屋の中での 2 階と 1 階の時間の観測には,式 (5.128) だけの補正が必要になる.アインシュタインの**等価原理**によれば,この部屋の中は $g = \alpha$ の重力加速度をもつ重力場中と等価である.式の $gL = \alpha L$ は重力場中でのポテンシャルの差である.したがって,異なる重力ポテンシャルの場所を比較するときは,

$$\frac{重力ポテンシャルの差}{c^2} \tag{5.130}$$

だけ時間の補正が必要になる.
地球の中心を基準にしたときの GPS 衛星の位置での重力ポテンシャルは,M を地球の質量として

ワンポイント解説

$$\phi_{衛星} = -G\frac{M}{R} = -G\frac{M}{R_{地球} + r}. \quad (5.131)$$

無限遠方にいる観測者の位置でのポテンシャルとの差は

$$\phi_{衛星} - \phi_{観測者} = -G\frac{M}{R_{地球} + r} + G\frac{M}{\infty}$$
$$= -(\frac{1}{1 + r/R_{地球}})G\frac{M}{R_{地球}}. \quad (5.132)$$

これに与えられた数値を入れてもよいが，重力加速度 g も与えられているので，

$$g = G\frac{M}{R_{地球}^2} \quad (5.133)$$

を使って

$$\phi_{衛星} - \phi_{観測者} = -(\frac{1}{1 + r/R_{地球}})gR_{地球}. \quad (5.134)$$

一般相対論の効果による時間の補正は式 (5.130) により，

$$\frac{\phi_{衛星} - \phi_{観測者}}{c^2} = -(\frac{1}{1 + r/R_{地球}})\frac{gR_{地球}}{c^2}$$
$$\sim 1.7 \times 10^{-10}. \quad (5.135)$$

特殊相対論の効果による補正のおよそ 2 倍になる。特殊相対論，および一般相対論による 10^{-10} の補正は 1 秒では光速で 3 cm の誤差となる。もし補正を行わなければ，GPS はすぐに使いものにならなくなる。

　実際の GPS では，原子時計で時間を測る GPS 衛星に比較し，GPS 本体の時計の誤差が大きくなる。この誤差を正確に評価するために 3 つの衛星ではなく 4 つの衛星からの信号を使用する。

・GPS 衛星から送られてくる信号の遅れを利用して GPS から GPS 衛星までの距離を計算している。時間の誤差はこの距離の誤差となる。それが地表面の場所の特定に影響する誤差は幾何の問題として解くことができる。

図 5.5: 等価原理により重力中の系と加速度系は等価.

例題 26 の発展問題

26-1. 例題 25 の発展問題で得た表式

$$ds^2 = -(1 - \frac{2GM}{c^2 r})(cdt)^2 + \frac{1}{1 - 2GM/rc^2}dr^2 + r^2 d\theta^2 + r^2 \sin^2\theta d\phi^2$$

(5.136)

から相対論的な時間の遅れを議論せよ（左辺を $ds^2 = -d\tau^2$ に置き換え，物質と一緒に動く時計で計った固有時 τ が右辺のように表されると考える）．

26-2. 重力の中では式 (5.130) だけの時間の補正が起こる．半径 R の星の表面の重力ポテンシャルは $\phi = -GM/R$，無限遠ではゼロである．$R = 10^3$ km，質量が太陽と同じ $M = 2.0 \times 10^{30}$ kg の白色矮星の表面から出た光はどれだけの割合の補正（赤方偏移）を受けるか．

重要度
★★★

6 宇宙論と一般相対性理論

図 6.1: ダークマターの発見者ベラ・ルービン（1928-）大学学部生時代．

《 内容のまとめ 》

　一般相対性理論は重力と時空の関係を明らかにする理論です．その重要な応用として，アインシュタイン自身も考えていたのが宇宙の構造でした．皆さんも，宇宙に始まりはあるのだろうか，宇宙に果てはあるのだろうか，宇宙は何

からできているのだろうかなどと考えたことがあるのではないでしょうか．そういうことを考えたからといってお金にはなりませんが，誰もそんなことに興味をもたない社会はきっと味気ないでしょうね．

ギリシャ時代の人も宇宙の構造について思いを巡らせていましたが，我々が宇宙について物理的に議論できるのはアインシュタインの方程式からスタートできるからです．

$$R_{\mu\nu} - \frac{1}{2}g_{\mu\nu}R - g_{\mu\nu}\Lambda = -\kappa T_{\mu\nu} \qquad (6.1)$$

ここまでよく勉強した読者は，第4章の最初で与えたアインシュタイン方程式 (4.1) と上の式が違うことに気がついたかもしれません．ここでは $g_{\mu\nu}\Lambda$ という項が入っています．この Λ は，アインシュタインが当時の観測を基にした静止した（膨張も収縮もしない）宇宙を実現するために導入した「宇宙定数」と呼ばれるものです．その後，ハッブルが宇宙が膨張していることを観測から示し，アインシュタインは宇宙項を「生涯最大の過ち」として捨て去ったと言われています[1]．しかし，現在では，この項は「真空のエネルギー」と考えられるようになっており，「ダークエネルギー」として宇宙の全エネルギーの7割程度を担っているのではないかと予想されています[2]．

アインシュタインの一般相対性理論の発表後すぐにシュバルツシルトは簡単化した方程式の解を見つけました．この解にはブラックホールが含まれています．当初はまさかそんなものが本当に我々の宇宙にあるなどとは考えられていなかったようですが，現在はブラックホールが存在すると生じるX線などの観測からその存在は間違いないものとなり，星の進化の最終段階で作られると考えられています．

アインシュタインの重力の方程式から求められたフリードマン方程式は膨張宇宙の解を自然に記述するものになっており，またルメートルが宇宙が特異点から始まり爆発的な膨張によってスタートしたというアイデアを提唱します．

---

[1] 多くの本で紹介されているエピソードです．慎重な本では「ガモフに語った」となっています．文献 [13] によれば，ガモフ自身の著述以外にアインシュタインがそう言ったという証拠はないそうで，ガモフは冗談の好きな人でしたからお話を面白くしてしまった可能性もあります．

[2] 参考文献 [14] の 4.4 節「Λ を愛すために」にもう少し詳しい説明があります．

その後，ハッブルたちは銀河の中の変光星を観測し，赤方偏移と距離の間の経験則を定式化します．その結果は2つの銀河の間の距離が大きくなるほど，それらの相対速度も距離に比例して大きくなるというもので，膨張宇宙を強く支持するものでした．

ガモフらによってビッグバンの帰結として予言された宇宙マイクロ波背景放射（**CMB**:コスミック・マイクロウェーブ・バックグラウンド），いわゆる2.7度K輻射の劇的な発見が1964年にあり，定常宇宙モデルに対するビッグバンモデルの優位性が確立されました．現在の宇宙はビッグバンの名残である波長約2cmのCMBで満たされています．マイクロ波なので見えませんが，我々の周りにも1 cm^3 あたり400個余りの光子がいると思うと，宇宙の始まりからの連続性を感じます．

宇宙が極めて平坦であり，大きなスケールにわたって極めて一様であることは，ビッグバンでは説明が難しいと考えられていましたが，佐藤勝彦およびそれに続くグースのインフレーション宇宙論によって自然に説明できることがわかってきました．インフレーション宇宙進化論では宇宙はその初期に指数関数的な急膨張を引き起こすことにより，平坦で一様な宇宙を作ります．

現代の宇宙論は観測の大きな進歩に支えられています．かつては我々が宇宙から受け取ることのできる情報は可視光と宇宙線だけでしたが，現在では電波，ニュートリノなど多岐にわたり，近い将来には重力波の観測も期待されています．観測も地上だけではなく，人工衛星も使われるようになりCOBE（コスミック・バックグラウンド・エクスプローラー）やそれに続くWMAP（ウィルキンソン・マイクロウェーブ・アンアイソトロピック・プローブ）は宇宙マイクロ波背景放射の全天にわたる精密なデータを蓄積し，非常に高い精度で2.7度K輻射を観測し，宇宙初期の密度のゆらぎ（密度のさざ波）に起因する輻射のゆらぎの存在をとらえました．

これらの進展により，アインシュタイン自身もきっと当初は予想していなかった非常に豊かな歴史と構造を宇宙がもっていることが明らかになってきています．中でも，宇宙の物質もエネルギーも我々が知っている分だけではまったく足りないという驚くべき発見がありました．ルービンは銀河の回転の観測から，光学的に観測されている物質の約10倍もの物質が存在しなければならな

いことを明らかにしました.このような物質は暗黒物質,ダークマターと呼ばれ,宇宙全体の 4 分の 1 ほどを占めることが WMAP の観測からわかっています.

ハッブルは変光星を利用して宇宙の膨張を調べましたが,より明るい超新星を利用してはるかに遠方までの銀河を利用した測定が 20 世紀の終わりに行われました.その結果,**宇宙の加速膨張**という驚くべき事実が明らかになりました[3].この事実を説明するためには,ダークエネルギーと呼ばれる未知のエネルギーが宇宙全体にあるとするのが有力な考え方です.ダークエネルギーは宇宙の組成の 7 割以上を占めており,ダークマター,ダークエネルギー以外の我々が知っている物質は宇宙全体の約 4% だけであるようです.

---

[3]この発見に対して 2012 年度のノーベル賞が贈られています.

┌─コラム──────────────────────────
私は一般相対論の専門家ではありません．クォークとグルーオンの超高温，超高密度での振舞いをコンピュータを駆使して研究しています．山形大学に勤めているときに，同僚の酒井先生と一緒に超高温でのグルーオンについて 5 年間程研究していました．大学院は，当時日本で唯一素粒子の流体模型を研究している研究室にいたので，グルーオン流体の粘性係数を計算しました．計算しても計算してもなかなか結果が出ない苦しい時期を経て，やっと意味のある結果が出始めました．

得られた結果を，ワシントン大学の理論原子核研究所に滞在しているときに論文にまとめました．ここではベトナム人の天才物理学者ダム・ソン先生（現在 シカゴ大学教授）が活発に研究をされていました．ある日，ソン先生のグループのスターリネット博士とコーヒーを飲みながら雑談をしているときに，いまグルーオンの粘性係数を計算しているんだと話したら，「えっ，ソン先生と一緒にいまその量を計算していて，粘性係数とエントロピー密度の比を計算すると，$1/4\pi$ になることがわかったんだ．水やヘリウムなどを調べてみたけど，どれもはるかに大きな値になる．もしかしたら，グルーオン流体は宇宙にある物質の中でもっとも小さい値になるのかもしれない．君の計算ではどうなってる？」と言われました．慌ててエントロピー密度も計算して比を取ってみると 0.1 くらいになります！計算法を聞くと，ブラックホールの理論と非可換ゲージ理論を関係させて計算するとのこと．それから 2 日間，朝から晩まで丁寧に説明してくれましたが，全然わかりません．自分の研究と関係ないと思って重力の勉強をちゃんとしていなかったことを反省しました．

この研究結果は，結果のグラフに $1/4\pi$ の値も入れてアメリカ物理学会のフィジカル・レビュー・レターという雑誌に掲載されました．
└──────────────────────────────

例題 27 宇宙の理解

選択肢から選んで年表を埋めなさい

1900			
	1915-1916	（　　　　）	アインシュタイン
	1916	（　　　　）	シュバルツシルト
	1922	（　　　　）	フリードマン
	1925	（　　　　）	ルメートル
	1929	（　　　　）	ハッブル
	1931	（　　　　）	チャンドラセカール
	1939	（　　　　）	オッペンハイマー他
	1946	（　　　　）	ガモフ
1950			
	1964	（　　　　）	ペンジアス，ウィルソン
	1970	（　　　　）	ルービン
	1971-72	（　　　　）	小田稔他
	1978-86	（　　　　）	グレゴリー他
	1979	（　　　　）	テイラー他
	1981	（　　　　）	佐藤勝彦，グース
	1990	（　　　　）	COBE衛星チーム
	1992	（　　　　）	COBE衛星チーム
	1998	（　　　　）	ゲッツ他
	1998-99	（　　　　）	パールムッター，シュミット，リース
2000			
	2003	（　　　　）	WMAP衛星チーム

- シュバツルシルト解の発見　●ビッグバン理論の提唱　●一般相対性理論の提唱　●重力波放出の間接的確認　●フリードマン方程式（膨張宇宙解）　●ルメートルによる膨張宇宙の提唱　●宇宙論の加速膨張の発見　●ハッブルの法則　●宇宙大規模構造の発見　●恒星質量ブラックホールの理論的予測　●チャンドラセカール限界質量の提示　●宇宙マイクロ波背景放射の発見　●ダークマターの（間接的）発見　●インフレーション理論　●確かなブラックホール候補（Cyg X-1）の同定　●宇宙マイクロ波背景放射スペクトルの精密測定　●宇宙マイクロ波背景放射のゆらぎの発見　●銀河系中心にブラックホールが存在する証拠　●宇宙論パラメータの精密決定

考え方

アインシュタインは最後の重力の方程式にいたるまで，迷いながら進んでいく．そしてリーマン幾何の計算についてはるかに経験豊富なヒルベルトと激しい競争を繰り広げた．

解答

1900		
	1915-16	一般相対性理論の提唱
	1916	シュバツルシルト解の発見
	1922	フリードマン方程式（膨張宇宙解）
	1925	ルメートルによる膨張宇宙の提唱
	1929	ハッブルの法則
	1931	チャンドラセカール限界質量の提示
	1939	恒星質量ブラックホールの理論的予測
	1946	ビッグバン理論の提唱
1950		
	1964	宇宙マイクロ波背景放射の発見
	1970	ダークマターの（間接的）発見
	1971-72	確かなブラックホール候補（Cyg X-1）の同定
	1978-86	宇宙大規模構造の発見
	1979	重力波放出の間接的確認
	1981	インフレーション理論
	1990	宇宙マイクロ波背景放射スペクトルの精密測定
	1992	宇宙マイクロ波背景放射のゆらぎの発見
	1998	銀河系中心にブラックホールが存在する証拠
	1998-99	宇宙論の加速膨張の発見
2000		
	2003	宇宙論パラメータの精密決定

「理科年表」[17] 天文部「天文学上のおもな発明発見と業績」などを参照している．

ワンポイント解説

例題 27 の発展問題

27-1. 宇宙は膨張しているので，時刻 t の 2 点間の距離 $L(t)$ はそれ以前の時刻 t_0 に対して

$$L(t) = a(t)L(t_0) \tag{6.2}$$

と書かれる．$a(t)$ はスケール因子と呼ばれる．この式を時間 t で微分して

$$\frac{dL(t)}{dt} = \frac{\dot{a}}{a}L(t) \tag{6.3}$$

と書けることを示せ．ただし $\dot{a}$ は a の時間微分．

L をある銀河までの距離とすると，左辺はその銀河が膨張のために遠ざかる速度 $v(t)$ で，右辺の $L(t)$ は現在の銀河までの距離 D

$$v = H_0 D. \tag{6.4}$$

H_0 はハッブル定数となり，

$$H_0 = \frac{\dot{a}}{a} \tag{6.5}$$

であることがわかる．

27-2. 宇宙は膨張しているので，過去に時間を遡れば小さくなっていく．

もし速度が一定ならば，距離 D を速度 v で割ったものは距離がゼロであったときの時間になる．

$$H_0^{-1} = \frac{D}{v} \tag{6.6}$$

左辺はハッブル時間とよばれる．

H_0 は約 70 km/s/Mpc である．ただし Mpc（メガ・パーセク）は 3.1×10^{19} km．ハッブル時間（宇宙の年齢の目安）は約何年になるか？

27-3. ビッグバンモデルでは，宇宙初期は非常な高温・高密度であり，原子はイオンと電子の状態（プラズマ状態）であった．宇宙が膨張するにつれ温度が下がり，約 3000 度 K の温度になるとイオンと電子が結びつい

て中性原子になって自由電子がいなくなるので，光子が自由電子に散乱されることなく自由に飛び回り始めた（宇宙の晴れ上がり）．

熱力学の第一法則

$$dU = d'Q - pdV \tag{6.7}$$

で，一様な宇宙では温度はいたるところ同じで熱の流れはないとすれば，$d'Q = 0$．内部エネルギー U は単位体積あたりの光子のエネルギー ϵ に体積をかけたもの $U = \epsilon V$．光子ガスでは $p = \epsilon/3$ で，ϵ は温度の4乗に比例するので，

$$d(cT^4 V) = -cT^4/3 \, dV. \tag{6.8}$$

これから，

$$4T^3 \frac{dT}{dt} V + T^4 \frac{dV}{dt} = -\frac{1}{3} T^4 \frac{dV}{dt}. \tag{6.9}$$

宇宙の膨張では各辺がスケール因子 $a(t)$ に比例して増大するので $V \propto a(t)^3$ これを代入して整理すると，

$$\frac{1}{T}\frac{dT}{dt} = -\frac{1}{a}\frac{da}{dt}. \tag{6.10}$$

これから，

$$T(t) \propto a(t)^{-1}. \tag{6.11}$$

温度約 3000 度での宇宙の晴れ上がり以降，現在の CMB の 2.7 度までに，スケール因子 a は何倍になっているか？

例題 28　重力波

アインシュタイン方程式において，計量を

$$g_{ab} = \bar{g}_{ab} + e_{ab} \tag{6.12}$$

とする．ただし，$\bar{g}_{ab}$ は式 (4.15) のミンコフスキー計量

$$(\bar{g}_{ab}) = \begin{pmatrix} -1 & & & \\ & +1 & & \\ & & +1 & \\ & & & +1 \end{pmatrix}. \tag{6.13}$$

ミンコフスキー計量からのずれが小さく ($|e| \ll 1$)，e の 2 次以上の項を無視することを考える．

このときクリストッフェル記号は，

$$\Gamma^a_{bc} \sim \frac{1}{2} \sum_{3=0}^{3} \bar{g}^{ad} \left(\frac{\partial e_{db}}{\partial x^c} + \frac{\partial e_{dc}}{\partial x^b} - \frac{\partial e_{bc}}{\partial x^d} \right) \tag{6.14}$$

である（第 5 章例題 23 式 (5.16)）．

I)　リッチテンソルは，

$$R_{ab} = \frac{1}{2} \sum_{c=0}^{3} \left(-\frac{\partial^2 e_{cb}}{\partial x^a \partial x_c} - \frac{\partial^2 e_{ac}}{\partial x_c \partial x^b} + \frac{\partial^2 e_{ab}}{\partial x^c \partial x_c} + \frac{\partial^2 e}{\partial x^a \partial x^b} \right) \tag{6.15}$$

ただし

$$e \equiv \sum_{a,b} \bar{g}^{ab} e_{ba}. \tag{6.16}$$

リッチスカラーは

$$R = +\sum_a \frac{\partial^2 e}{\partial x_a \partial x_a} e - \sum_{ab} \frac{\partial^2 e}{\partial x_a \partial x_b} e_{ab} \tag{6.17}$$

となることを示せ．

II)
$$\psi_{ab} \equiv e_{ab} - \frac{1}{2}\bar{g}_{ab}e \tag{6.18}$$

とすると，アインシュタインテンソルは，
$$G_{ab} = \frac{1}{2}\left\{+\frac{\partial^2 \psi_{ab}}{\partial x^c \partial x_c} - \frac{\partial^2 \psi_{ac}}{\partial x_c \partial x^b} - \frac{\partial^2 \psi_{bc}}{\partial x_c \partial x^a} + \bar{g}_{ab}\frac{\partial^2 \psi_{cd}}{\partial x_c \partial x_d}\right\} \tag{6.19}$$

となることを示せ．

III)
$$\frac{\partial \psi^{ab}}{\partial x^b} = 0 \tag{6.20}$$

とおけば，アインシュタイン方程式は次の波動方程式に帰着することを示せ．

$$\Box \psi_{ab} = -\frac{16\pi G}{c^4}T_{ab}. \tag{6.21}$$

ただし，

$$\Box \psi_{ab} \equiv \frac{\partial \psi_{ab}}{\partial x^c \partial x_c} = \left(-\frac{1}{c^2}\frac{\partial^2}{\partial t^2} + \nabla^2\right)\psi_{ab}. \tag{6.22}$$

考え方

かつて人間は，光（可視光）によって宇宙を観測し，理解してきたが，現在は電波，X線，ニュートリノなどの観測が宇宙の新しい姿を見せてくれる．さらに，レーザーによる正確な干渉計を使った重力波検出器が世界中で建設されており[4]，重力波の直接測定によって宇宙の理解は大きく進むことが期待されている．

電荷を動かすと，電波が作られて飛んで行くように，大きな質量の物質が運動すると重力波が作られる．ここでは，重力場のミンコフスキー計量からのずれが非常に小さい場合を考える．例題23のときと同様に，計量テンソルを式(6.12)のように表し，$|e_{ab}| \ll 1$とする（弱い重力場）．

---

[4] 日本でもTAMA300プロジェクトが測定を開始し，より高性能のKAGRAプロジェクトの準備が進んでいる．

ミンコフスキー計量はフラットな時空を表すので，それからの微小なズレがさざ波のように伝わっていくことになる．重力波は連星，超新星爆発，ブラックホールの生成などで作られている．実際，観測された連星パルサーの周期の変化が重力波の放出によるエネルギーと角運動量の現象として説明され，重力波の間接的な発見となった．

解答

I) リッチテンソルは

$$R_{ab} = \sum_c R^c_{abc} = \frac{\partial}{\partial x^b}\Gamma^c_{ac} - \frac{\partial}{\partial x^c}\Gamma^c_{ab}$$

$$= \frac{\partial}{\partial x^b}\frac{1}{2}\bar{g}^{ci}\left(\frac{\partial}{\partial x^a}e_{ci} + \frac{\partial}{\partial x^c}e_{ia} - \frac{\partial}{\partial x^i}e_{ac}\right)$$

$$- \frac{\partial}{\partial x^c}\frac{1}{2}\bar{g}^{ci}\left(\frac{\partial}{\partial x^a}e_{bi} + \frac{\partial}{\partial x^b}e_{ia} - \frac{\partial}{\partial x^i}e_{ab}\right)$$

$$= \frac{1}{2}(\partial_b\partial_a e_c{}^c + \partial_b\partial_c e^c{}_a - \partial_b\partial^c e_{ac})$$

$$- \frac{1}{2}(\partial_c\partial_a e_b{}^c + \partial_c\partial_b e^c{}_a - \partial_c\partial^c e_{ab}) \quad (6.23)$$

ここで，$\frac{\partial}{\partial x_a} = \partial^a$, $\frac{\partial}{\partial x^a} = \partial_a$ などと略記し，

$$\sum_i \bar{g}^{ci} e_{ia} = e^c{}_a \quad (6.24)$$

のように $\bar{g}$ で添字の上げ下げを行っている．
式 (6.16) より $e_c{}^c = e$ なので，

$$R_{ab} = \frac{1}{2}(\partial_a\partial_b e - \partial_b\partial^c e_{ac} - \partial_a\partial^c e_{bc} + \Box e_{ab}). \quad (6.25)$$

リッチスカラーは，

$$R = \sum_a R^a{}_a = \frac{1}{2}(\partial^a\partial_a e - \partial^a\partial^c e_{ac}$$

$$- \partial^a\partial^c e_{ac} + \Box e^a{}_a)$$

$$= \Box e - \partial^a\partial^b e_{ab}. \quad (6.26)$$

ワンポイント解説

・クリストッフェル記号 Γ は値が小さいとしているので，第4章式 (4.6) の右辺第3項，第4項は落とす．

・右辺第2項 $\partial_b\partial_c e^c{}_a$ と第5項 $-\partial_c\partial_b e^c{}_a$ は合わせて消える．

・和の添字 c を b に置き換えている．

II) アインシュタインテンソル

$$G_{ab} = R_{ab} - \frac{1}{2}g_{ab}R$$
$$\sim R_{ab} - \frac{1}{2}\bar{g}_{ab}R \qquad (6.27)$$

に式 (6.25), (6.26) を代入すれば

$$2G_{ab} = (\partial_a\partial_b e - \partial_b\partial^c e_{ac} - \partial_a\partial^c e_{bc} + \Box e_{ab})$$
$$- \bar{g}_{ab}\left(\Box e - \partial^c\partial^d e_{cd}\right). \qquad (6.28)$$

ここで,

$$\psi \equiv \sum_a \psi^a{}_a = \sum_a e^a{}_a - \frac{1}{2}\bar{g}^a{}_a e$$
$$= e - \frac{1}{2} \times 4e = -e \qquad (6.29)$$

を導入して,

$$e_{ab} = \psi_{ab} - \frac{1}{2}\bar{g}_{ab}\psi. \qquad (6.30)$$

これを使って式 (6.28) は

$$2G_{ab} = (-\partial_a\partial_b\psi - \partial_b\partial^c\psi_{ac} + \frac{1}{2}\partial_b\partial_a\psi$$
$$- \partial_a\partial^c\psi_{bc} + \frac{1}{2}\partial_a\partial_b\psi + \Box\psi_{ab} - \frac{1}{2}\bar{g}_{ab}\Box\psi)$$
$$- \bar{g}_{ab}\left(-\Box\psi - \partial^c\partial^d\psi_{cd} + \frac{1}{2}\Box\psi\right). \qquad (6.31)$$

右辺の第 1 括弧の中の第 1,3,5 項は合わせるとゼロになる. また, $\bar{g}_{ab}\Box\psi$ の 3 つの項も合わせてゼロ. したがって,

$$2G_{ab} = -\partial_b\partial^c\psi_{ac} - \partial_a\partial^c\psi_{bc} + \Box\psi_{ab} + \bar{g}_{ab}\partial^c\partial^d\psi_{cd}. \qquad (6.32)$$

III) 問題に与えられた式 (6.20) を使えば, 上の G_{ab} の

・$\partial^c\bar{g}_{ac} = \partial_a$ などの $\bar{g}$ での添字の上げ下げを使っている.

右辺の第1項, 2項, 4項はゼロである. したがって,

$$G_{ab} = \frac{1}{2}\Box\psi_{ab}. \tag{6.33}$$

これをアインシュタイン方程式 (5.1) に入れ, 例題24で求めた κ の値を使って

$$\Box\psi_{ab} = -\frac{16\pi G}{c^4}T_{ab} \tag{6.34}$$

を得る. これは, 波動方程式である.

→ 第3章の例題12で求めた電磁ポテンシャルが満たす方程式と同じ形をしている. 速度は $v \to c$.

例題 28 の発展問題

28-1. 例題の式 (6.20) は, ψ_{ab} の（4次元）発散がゼロという条件であり第3章の例題12と同じ形である. これは, R_{ab} の成分がすべて独立ではなく, 条件をつけることができることから来ている. このような条件をゲージ条件という.

$$x'^{\alpha} = x^{\alpha} + \xi^{\alpha}(x) \tag{6.35}$$

という変換で, 上の条件を満たせるようにできることを示せ[5]. ただし, ξ^{α} はその微分もそれ自身も非常に小さいとする.

---

[5]このような変換でゲージ条件が満足できることは文献 [11, 12] などで説明されている.

例題 29　ロバートソン・ウォーカー計量

時空間のリーマン幾何学としての構造は，線素 ds を構成する計量テンソル $g_{\mu\nu}$ で決まる．

$$ds^2 = \sum_{\mu\nu} g_{\mu\nu} dx^\mu dx^\nu. \tag{6.36}$$

宇宙のどの点から見ても球対称であり他の点と同じ（一様等方）であるときを考える．

I) もっとも簡単な形はどのようなものになるか？

II) より一般的に

$$ds^2 = -dt^2 + a^2(t) dS^2 \tag{6.37}$$

という形を考える．空間が 3 次元球であるときには

$$dS^2 = d\chi^2 + \sin^2\chi(d\theta^2 + \sin^2\theta d\phi^2) \tag{6.38}$$

という形になることを示せ．

III)
$$dS^2 = d\chi^2 + \sinh^2\chi(d\theta^2 + \sin^2\theta d\phi^2) \tag{6.39}$$

となるときは，どのような空間を表しているか？

IV) 上の I), II), III) は

$$ds^2 = -(cdt)^2 + a(t)^2 \{ \frac{dr^2}{1-Kr^2} + r^2(d\theta^2 + \sin^2\theta d\phi^2) \} \tag{6.40}$$

という形で書けることを示せ（ロバートソン・ウォーカー計量）．

考え方

シュバルツシルト解は，等方で静的な解であった．しかし，ハッブルの発見以来，宇宙は膨張していることがわかり，静的な解では記述することができない．等方ではあるが，動的に変化する解の枠組みがロバートソン・ウォーカー計量で，次の例題のフリードマン方程式でその具体的な解の振舞いを見る．

時間に依存する動的な解は，どのように表されるか，静的な解との違いは何かを学んでいく．

‖解答‖

I)
$$ds^2 = -dt^2 + a^2(t)(dx^2 + dy^2 + dz^2) \quad (6.41)$$

$a(t)$ はスケール因子（例題27の発展問題を参照）．空間部分を極座標で書けば

$$ds^2 = -dt^2 + a^2(t)[dr^2 + r^2(d\theta^2 + \sin^2\theta d\phi^2)]. \quad (6.42)$$

II) 3次元球上の点を表すために（仮想的な）4次元座標 (X_1, X_2, X_3, X_4) を導入すれば，

$$X_1^2 + X_2^2 + X_3^2 + X_4^2 = 1. \quad (6.43)$$

4次元に一般化した極座標

$$\begin{aligned} X_1 &= \cos\chi, & X_2 &= \sin\chi\sin\theta\cos\phi \\ X_3 &= \sin\chi\sin\theta\sin\phi, & X_4 &= \sin\chi\cos\theta \end{aligned}$$

では，

$$\begin{aligned} d^2S &= dX_1^2 + dX_2^2 + dX_3^2 + dX_4^2 \\ &= d\chi^2 + \sin^2\chi(d\theta^2 + \sin^2\theta d\phi^2). \quad (6.44) \end{aligned}$$

III) 4次元座標を下記のように表記する．

$$\begin{aligned} X_1 &= \cosh\chi, & X_2 &= \sinh\chi\sin\theta\cos\phi \\ X_3 &= \sinh\chi\sin\theta\sin\phi, & X_4 &= \sinh\chi\cos\theta. \end{aligned}$$

これから，

ワンポイント解説

$$-dX_1^2 + dX_2^2 + dX_3^2 + dX_4^2$$
$$= d\chi^2 + \sinh^2\chi(d\theta^2 + \sin^2\theta d\phi^2) \quad (6.45)$$

となり，与えられた線素になる．このとき，

$$-X_1^2 + X_2^2 + X_3^2 + X_4^2 = -1 \quad (6.46)$$

なので，4次元中の3次元双曲面である．

IV) 上記のI)，II)，III) をそれぞれ「平坦な宇宙」，「閉じた宇宙」，「開いた宇宙」と呼ぶことにする．一様等方な宇宙では

$$ds^2 = -dt^2 + a^2(t)\{d\chi^2 + f(\chi)^2(d\theta^2 + \sin^2\theta d\phi^2)\} \quad (6.47)$$

と書ける．ただし

$$\begin{aligned} f(\chi) &= \chi & \text{平坦な宇宙} \\ &= \sin\chi & \text{閉じた宇宙} \\ &= \sinh\chi & \text{開いた宇宙} \end{aligned} \quad (6.48)$$

$r = f(\chi)$ とおけば，

$$\begin{aligned} d\chi^2 &= dr^2 & \text{平坦な宇宙} & \quad (6.49)\\ &= \frac{dr^2}{1-r^2} & \text{閉じた宇宙} & \quad (6.50)\\ &= \frac{dr^2}{1+r^2}. & \text{開いた宇宙} & \end{aligned}$$

したがって，等方一様宇宙の線素は，

$$ds^2 = -(cdt)^2 + a(t)^2\{\frac{dr^2}{1-Kr^2}$$
$$+ r^2(d\theta^2 + \sin^2\theta d\phi^2)\}. \quad (6.51)$$

ただし，平坦な宇宙では $K=0$，閉じた宇宙では $K=1$，開いた宇宙では $K=-1$．

・$r = \chi$ のとき，$dr = d\chi$ なので，$d\chi^2 = dr^2$．
$r = \sin\chi$ のとき，$dr = \cos\chi d\chi$ なので，$d\chi^2 = \frac{dr^2}{\cos^2\chi} = \frac{dr^2}{1-r^2}$．
$r = \sinh\chi$ のとき，$dr = \cosh\chi d\chi$ なので，$d\chi^2 = \frac{dr^2}{\cosh^2\chi} = \frac{dr^2}{1+r^2}$．

例題 29 の発展問題

29-1. $a(t)=1$ のとき,クリストッフェルの記号 Γ^a_{bc} でゼロでないものは,
$\Gamma^r_{rr} = \frac{Kr}{1-Kr^2}$, $\Gamma^r_{\theta\theta} = -(1-Kr^2)r$, $\Gamma^r_{\phi\phi} = -(1-Kr^2)r\sin^2\theta$, $\Gamma^\theta_{r\theta} = \Gamma^\theta_{\theta r} = \frac{1}{r}$, $\Gamma^\theta_{\phi\phi} = -\sin\theta\cos\theta$, $\Gamma^\phi{}_{r\phi} = \Gamma^\phi{}_{\phi r} = \frac{1}{r}$, $\Gamma^\phi{}_{\theta\phi} = \Gamma^\phi{}_{\phi\theta} = \frac{\cos\theta}{\sin\theta}$

である.これから,リッチスカラー R を求め,平坦な宇宙($K=0$),閉じた宇宙($K=1$),開いた宇宙($K=-1$)それぞれの場合に R の正負を調べよ.

例題 30　フリードマン方程式

エネルギー運動量テンソル $T_{\mu\nu}$ が，

$$T_{tt} = \rho c^2 \tag{6.52}$$

$$T_{t0} = T_{0t} = 0 \tag{6.53}$$

$$T_{ij} = p g_{ij}. \tag{6.54}$$

（ただし $i, j = r, \theta, \phi$）という形をしているとき，ロバートソン・ウォーカー計量を採用して（つまり宇宙が一様等方）球対称を仮定し，アインシュタイン方程式 (6.1) から次のフリードマン方程式を導け．

$$\left(\frac{\dot{a}}{a}\right)^2 = \frac{8\pi G}{3}\rho - \frac{K}{a^2} + \frac{\Lambda}{3}. \tag{6.55}$$

考え方

シュバルツシルト解は球対称で静的な解であった．これはアインシュタイン方程式の厳密解として一般相対論の意味を理解するのに役立つだけでなく，ブラックホールの予言という宇宙論にとって大きな価値のある仕事である．

しかし，宇宙は膨張しているので，時間に依存する解も宇宙論では重要になる．フリードマン方程式は球対称で時間に依存するアインシュタイン方程式の解で，現代の宇宙論で大きな役割を果たす．

右辺に現れる T_{ab} は，完全流体に対するエネルギー運動量テンソル

$$T_{ab} = (\rho + p)u_a u_b + g_{ab} p \tag{6.56}$$

で，流体が静止している系で 4 元ベクトル $u_a = (1, 0, 0, 0)$, $g_{ab} = \bar{g}_{ab}$ とすれば，例題の T_{ab} になる．

ここでは，宇宙定数 Λ も考える．計量テンソルは Λ にはよらないので，クリストッフェルの記号，リッチテンソル，リッチスカラーには影響はない．最後のアインシュタイン方程式のところで付け加えるだけである．

$$g^{tt} = 1/g_{tt} = -1$$
$$g^{rr} = 1/g_{rr} = \frac{1-Kr^2}{a(t)^2}$$
$$g^{\theta\theta} = 1/g_{\theta\theta} = \frac{1}{(a(t)r)^2}$$
$$g^{\phi\phi} = 1/g_{\phi\phi} = \frac{1}{(a(t)r)^2 \sin^2\theta}. \tag{6.57}$$

球対称なのでシュバルツシルト解を求めた例題 25 の経験が役に立つ．たとえば，クリストッフェル記号

$$\Gamma^a_{bc} = \frac{1}{2}g^{ad}\left(\frac{\partial g_{db}}{\partial x^c} + \frac{\partial g_{dc}}{\partial x^b} - \frac{\partial g_{bc}}{\partial x^d}\right) \tag{6.58}$$

の計算で，a, b, c が r, θ, ϕ のときには計量テンソル g_{ab} はシュバルツシルトのときに比べて a^2 倍になっており，また g_{ab} が対角であることに注意すれば，クリストッフェル記号は $a = 1$ としたシュバルツシルト計量のときと同じになる．$g_{rr} = \exp(2h)$ なので，例題 25 で得られたクリストッフェル記号で $h = -(1/2)\log(1-Kr^2)$ とすれば，クリストッフェル記号がただちに求まる．もちろん，直接求めても構わない．これまでの計算の経験で読者は効率よく計算できるようになっているはずである．

フリードマンがアインシュタイン方程式から宇宙の膨張を示す解を得たときに，アインシュタインはそれは間違っているという論文を書いてしまい，フリードマンが詳細な計算を書いて送った手紙を読んで自分の間違いを認めたというのは有名なエピソードである．自分で実際に計算をして大変な計算だということを知ると，計算間違いをするのも無理はないかと思うし，アインシュタインに人間的な親しみも感じる．

解答

計量テンソルからクリストッフェル記号を計算する．Γ^t_{bc} でゼロでないものは，

$$\Gamma^t_{rr} = \frac{1}{2}g^{tt}(\partial_r g_{tr} + \partial_r g_{tr} - \partial_t g_{rr})$$
$$= \frac{1}{2}(-1)\left(-\partial_t \frac{a^2}{1-Kr^2}\right) = \frac{a\dot{a}}{1-Kr^2}$$

ワンポイント解説

$$\Gamma^t_{\theta\theta} = \frac{1}{2}g^{tt}(\partial_\theta g_{t\theta} + \partial_\theta g_{t\theta} - \partial_t g_{\theta\theta})$$
$$= \frac{1}{2}(-1)(-\partial_t(a^2 r^2)) = a\dot{a}r^2$$
$$\Gamma^t_{\phi\phi} = \frac{1}{2}g^{tt}(\partial_\phi g_{t\phi} + \partial_\phi g_{t\phi} - \partial_t g_{\phi\phi})$$
$$= \frac{1}{2}(-1)(-\partial_t(a^2 r^2 \sin^2\theta)) = a\dot{a}r^2 \sin^2\theta \quad (6.59)$$
$$\Gamma^t_{bc} = \frac{\dot{a}}{a}g_{bc} \quad (b,c = r,\theta,\phi) \quad (6.60)$$

・$a(t)$ は必ず ct という形で依存するので $\dot{a}$ は ct での微分とする.

という形になっている.

以下同様に進めていく. Γ^r_{bc} でゼロでないものは,
$$\Gamma^r_{tr} = \Gamma^r_{rt} = \frac{\dot{a}}{a}$$
$$\Gamma^r_{rr} = \frac{K r}{1-Kr^2}$$
$$\Gamma^r_{\theta\theta} = -(1-Kr^2)r$$
$$\Gamma^r_{\phi\phi} = -(1-Kr^2)r\sin^2\theta. \quad (6.61)$$

Γ^θ_{bc} でゼロでないものは
$$\Gamma^\theta_{t\theta} = \Gamma^\theta_{\theta t} = \frac{\dot{a}}{a}$$
$$\Gamma^\theta_{r\theta} = \Gamma^\theta_{\theta r} = \frac{1}{r}$$
$$\Gamma^\theta_{\phi\phi} = -\sin\theta\cos\theta. \quad (6.62)$$

Γ^ϕ_{bc} でゼロでないものは
$$\Gamma^\phi_{t\phi} = \Gamma^\phi_{\phi t} = \frac{\dot{a}}{a}$$
$$\Gamma^\phi_{r\phi} = \Gamma^\phi_{\phi r} = \frac{1}{r}$$
$$\Gamma^\phi_{\theta\phi} = \Gamma^\phi_{\phi\theta} = \frac{\cos\theta}{\sin\theta}. \quad (6.63)$$

したがって
$$\Gamma^b_{tb} = \Gamma^b_{bt} = \frac{\dot{a}}{a} \quad (b = r,\theta,\phi). \quad (6.64)$$

となる. $\Gamma^a_{bc}(a,b,c = r,\theta,\phi)$ は例題 25 のシュバルツシルト計量のときと同じである.

リッチテンソル R_{ab} を計算する. a,b のいずれかあるいは両方が t であるものは

$$\begin{aligned}R_{tt} &= \partial_t \Gamma^a_{at} - \partial_a \Gamma^a_{tt} \\ &\quad + \Gamma^a_{td}\Gamma^d_{at} - \Gamma^a_{ad}\Gamma^d_{tt} \\ &= \partial_t(\Gamma^r_{rt} + \Gamma^\theta_{\theta t} + \Gamma^\phi_{\phi t}) \\ &\quad + (\Gamma^r_{tr}\Gamma^r_{rt} + \Gamma^\theta_{t\theta}\Gamma^\theta_{\theta t} + \Gamma^\phi_{t\phi}\Gamma^\phi_{\phi t}) \\ &= 3(\dot{b} + b^2) = \frac{3\ddot{a}}{a}.\end{aligned} \quad (6.65)$$

ただし

$$b \equiv \frac{\dot{a}}{a} = \frac{d}{dt}\log a \quad (6.66)$$

とおいた.

$$\begin{aligned}R_{tr} &= (\Gamma^r_{rr}\Gamma^r_{rt} + \Gamma^\theta_{r\theta}\Gamma^\theta_{\theta t} + \Gamma^\phi_{r\phi}\Gamma^\phi_{\phi t}) \\ &\quad - (\Gamma^r_{rr} + \Gamma^\theta_{\theta r} + \Gamma^\phi_{\phi r})\Gamma^r_{rt} \\ &= 0. \end{aligned} \quad (6.67)$$

$$R_{t\theta} = \Gamma^\phi_{\theta\phi}\Gamma^\phi_{\phi t} - \Gamma^\phi_{\phi\theta}\Gamma^\theta_{\theta t} = 0 \quad (6.68)$$

同様にして

$$R_{t\phi} = 0. \quad (6.69)$$

ただし, i,j,k を r,θ,ϕ の空間部を表す添字とし, a,b,c,d を時間部も付け加えた t,r,θ,ϕ を表す添字とする.

$$R_{ij} = \partial_j \Gamma^a_{ai} - \partial_a \Gamma^a_{ji} + \Gamma^a_{jd}\Gamma^d_{ai} - \Gamma^a_{ad}\Gamma^d_{ji}. \quad (6.70)$$

いま考えている球対称で時間に依存する系は,

$$a = 1$$
$$f = 1$$
$$h = -(1/2)\log(1 - Kr^2) \quad (6.71)$$

とすれば, シュバルツシルト解を求めた例題 25 の場合と同じになる. そこで, 両者の関係を具体的に見るため

- a,c,d はそれぞれ和の添字であり, t,r,θ,ϕ を表す. たとえば, $\Gamma^a_{at} = \Gamma^t_{tt} + \Gamma^r_{rt} + \Gamma^\theta_{\theta t} + \Gamma^\phi_{\phi t}$

- ゼロでないものだけ書いている.

- $g_{tt} = -e^{2f}$, $g_{rr} = e^{2h}$.

に上の R_{ij} の項を t に関係する部分とそれ以外に分けてみる.

$$\begin{aligned}
R_{ij} &= (\partial_j \Gamma^k_{ki} + \partial_j \Gamma^t_{ti}) - (\partial_k \Gamma^k_{ji} + \partial_t \Gamma^t_{ji}) \\
&\quad + \{(\Gamma^k_{jl}\Gamma^l_{ki} + \Gamma^k_{jt}\Gamma^t_{ki}) + (\Gamma^t_{jl}\Gamma^l_{ti} + \Gamma^t_{jt}\Gamma^t_{ti})\} \\
&\quad - \{(\Gamma^k_{kl} + \Gamma^t_{tl})\Gamma^l_{ji} + (\Gamma^k_{kt} + \Gamma^t_{tt})\Gamma^t_{ji}\} \\
&= (\partial_j \Gamma^k_{ki} + 0) - (\partial_k \Gamma^k_{ji} + \partial_t \Gamma^t_{ji}) \\
&\quad + \{(\Gamma^k_{jl}\Gamma^l_{ki} + \Gamma^k_{jt}\Gamma^t_{ki}) + (\Gamma^t_{jl}\Gamma^l_{ti} + 0)\} \\
&\quad - \{\Gamma^k_{kl}\Gamma^l_{ji} + \Gamma^k_{kt}\Gamma^t_{ji}\} \\
&= \partial_j \Gamma^k_{ki} - \partial_k \Gamma^k_{ji} - \partial_t \Gamma^t_{ji} \\
&\quad + \{(\Gamma^k_{jl}\Gamma^l_{ki} + \Gamma^i_{jt}\Gamma^t_{ii}) + \Gamma^t_{jj}\Gamma^j_{ti}\} \\
&\quad - \{\Gamma^k_{kl}\Gamma^l_{ji} + \Gamma^k_{kt}\Gamma^t_{ji}\}. \tag{6.72}
\end{aligned}$$

・$k \neq i$ なら $\Gamma^t_{ki} = 0$.

Γ^t_{ij} は $i \neq j$ のときにはゼロなので,
$$\Gamma^t_{ji} = \Gamma^t_{ii}\delta_{ij}$$
$$\Gamma^i_{jt}\Gamma^t_{ii} = (b\delta_{ij})(bg_{ii})$$
$$\Gamma^k_{kt}\Gamma^t_{ji} = (3b)(bg_{ii}\delta_{ij}) \tag{6.73}$$

・$\Gamma^k_{kt} = \Gamma^r_{rt} + \Gamma^\theta_{\theta t}$ $+\Gamma^\phi_{\phi t} = b+b+b$.

とおき,

$$\begin{aligned}
R_{ij} &= \partial_j \Gamma^k_{ki} - \partial_k \Gamma^k_{ji} + \Gamma^k_{jl}\Gamma^l_{ki} - \Gamma^k_{kl}\Gamma^l_{ji} \\
&\quad - \partial_t \Gamma^t_{ji} + \Gamma^i_{jt}\Gamma^t_{ii} + \Gamma^t_{jj}\Gamma^j_{ti} + \Gamma^k_{kt}\Gamma^t_{ji} \\
&= \partial_j \Gamma^k_{ki} - \partial_k \Gamma^k_{ji} + \Gamma^k_{jl}\Gamma^l_{ki} - \Gamma^k_{kl}\Gamma^l_{ji} \\
&\quad + \delta_{ij}(-\partial_t \Gamma^t_{ii} + \Gamma^i_{it}\Gamma^t_{ii} + \Gamma^t_{jj}\Gamma^j_{ti} + \Gamma^k_{kt}\Gamma^t_{ii}) \\
&= R^{(S)}_{ij} + \delta_{ij}F_i. \tag{6.74}
\end{aligned}$$

$R^{(S)}_{ij}$ は,シュバルツシルト計量に対するリッチテンソルである.

$$\begin{aligned}
F_i &= -\partial_t \Gamma^t_{ii} + \Gamma^i_{it}\Gamma^t_{ii} + \Gamma^t_{jj}\Gamma^j_{ti} + \Gamma^k_{kt}\Gamma^t_{ii} \\
&= -\partial_t \Gamma^t_{ii} + bbg_{ii} + bg_{ii} - 3bbg_{ii} \\
&= -\partial_t \Gamma^t_{ii} - b^2 g_{ii}. \tag{6.75}
\end{aligned}$$

$\Gamma_{ii}^t = bg_{ii}$ なので

$$\partial_t \Gamma_{ii}^t = \dot{b}g_{ii} + b\frac{d}{dt}g_{ii}. \tag{6.76}$$

g_{ii} は $a(t)^2$ を含み,

$$\frac{d}{dt}a^2 = 2a\dot{a} = \frac{2\dot{a}}{a}a^2 = 2ba^2. \tag{6.77}$$

なので,

$$\partial_t \Gamma_{ii}^t = \dot{b}g_{ii} + 2b^2 g_{ii}. \tag{6.78}$$

となる. これから

$$F_i = -(\dot{b} + 3b^2)g_{ii}. \tag{6.79}$$

と求まる.

$R_{ij}^{(S)}$ は対角なので, R_{ij} も対角となる.

式 (6.71) の f, h を例題 25 で求めた $R_{rr}, R_{\theta\theta}, R_{\phi\phi}$ に代入して

$$R_{rr}^{(S)} = -\frac{2}{r}h' = -2\frac{K}{1-Kr^2} = -\frac{2K}{a^2}g_{rr}$$

$$R_{\theta\theta}^{(S)} = e^{-2h}(-rh'+1) - 1 = -2Kr^2 = -\frac{2K}{a^2}g_{\theta\theta}$$

$$R_{\phi\phi}^{(S)} = \sin^2\theta\{e^{-2h}(-rh'+1) - 1\}$$

$$= \sin^2\theta \times (-2Kr^2) = -\frac{2K}{a^2}g_{\phi\phi}. \tag{6.80}$$

つまり, いずれも

$$R_{ii}^{(S)} = -\frac{2K}{a^2}g_{ii} \tag{6.81}$$

と書くことができる.

リッチテンソルは,

$$\begin{aligned} R_{ii} &= R_{ii}^{(S)} + F_i \\ &= -\left(\frac{2K}{a^2} + \dot{b} + 3b^2\right)g_{ii} \\ &= -\left(\frac{2K}{a^2} + \frac{\ddot{a}}{a} + \frac{2\dot{a}^2}{a^2}\right)g_{ii} \end{aligned} \tag{6.82}$$

と書くことができる.

リッチスカラー (4.8) は

$$R = \sum_a \sum_b g^{ab} R_{ab} = \sum_a g^{aa} R_{aa}$$
$$= g^{tt} R_{tt} + \sum_i g^{ii} R_{ii}. \qquad (6.83)$$

となる.

式 (6.83) の右辺第 1 項は,

$$g^{tt} R_{tt} = -\frac{3\ddot{a}}{a} \qquad (6.84)$$

となり, 第 2 項は具体的に書くと,

$$\sum_i g^{ii} R_{ii} = \sum_i g^{ii}(-\frac{2K}{a^2} - \frac{\ddot{a}}{a} - \frac{2\dot{a}^2}{a^2})g_{ii}$$
$$= -3(\frac{2K}{a^2} + \frac{\ddot{a}}{a} + \frac{2\dot{a}^2}{a^2}) \qquad (6.85)$$

となる.

式 (6.84), (6.85) を式 (6.83) に代入して

$$R = -\frac{6}{a^2}(K + \ddot{a}a + \dot{a}^2). \qquad (6.86)$$

あるいは,

$$R = -6(\frac{K}{a^2} + \dot{b} + 2b^2). \qquad (6.87)$$

・$\dot{b} + 2b^2 = (\ddot{a}a + \dot{a}^2)/a^2$ を使っている.

リッチテンソルとリッチスカラーが求まったので, これらからアインシュタインテンソル $G_{ab} = R_{ab} - \frac{1}{2}g_{ab}R$ は

$$G_{tt} = R_{tt} - \frac{1}{2}g_{tt}R$$
$$= 3(\dot{b} + b^2) - \frac{1}{2} \times 6(\frac{K}{a^2} + \dot{b} + 2b^2)$$
$$= -3(\frac{K}{a^2} + b^2) \qquad (6.88)$$

$$G_{ii} = R_{ii} - \frac{1}{2}g_{ii}R$$
$$= -\left(\frac{2K}{a^2} + \dot{b} + 3b^2\right)g_{ii}$$
$$+ 3g_{ii}\left(\frac{K}{a^2} + \dot{b} + 2b^2\right)$$
$$= \left(\frac{K}{a^2} + 2\dot{b} + 3b^2\right)g_{ii} \qquad (6.89)$$

となる．アインシュタイン方程式 (6.1) にリッチテンソル (6.88),(6.89) とリッチスカラー (6.87) を入れ，問題で与えられたエネルギー運動量テンソルを代入すると，

$$-3\left(\frac{K}{a^2} + \left(\frac{\dot{a}}{a}\right)^2\right) + \Lambda = -\kappa\rho c^2 \qquad (6.90)$$

$$\frac{K + 2\ddot{a}a + \dot{a}^2}{a^2} - \Lambda = -\kappa p. \qquad (6.91)$$

整理して，$\kappa = \frac{8\pi G}{c^2}$（例題 24）を代入すると，

$$\left(\frac{\dot{a}}{a}\right)^2 = \frac{8}{3}\pi G\rho - \frac{K}{a^2} + \frac{\Lambda}{3} \qquad (6.92)$$

$$\frac{\ddot{a}}{a} = -\frac{4\pi G}{c^2}p - \frac{1}{2}\left(\frac{\dot{a}}{a}\right)^2 - \frac{K}{2a^2} + \frac{\Lambda}{2}$$
$$= -\frac{4\pi G}{3c^2}(\rho + 3p) + \frac{\Lambda}{3}. \qquad (6.93)$$

この第 1 式がフリードマン方程式である．第 2 式は加速度方程式と呼ばれる．

例題 30 の発展問題

30-1. 例題 27 にあるように，現在の宇宙は加速膨張している，すなわち $\ddot{a} > 0$ であることが発見された．加速度方程式を使うと，この事実はどのようにして説明されるか．

重要度
★

A 付録 特殊相対性理論の基本原理の原文

アインシュタインの特殊相対論の原論文は，ドイツ語を少し勉強した人ならすぐわかる明晰なものです．アインシュタインの晩年を知り，もっとも詳細な伝記を書いたパイエルスは，「様式のみならず内容においても，科学の最高傑作の部類に属する．単に楽しみのためだけだとしても，相対論に通じていようといまいと，すべての科学者の読むべきものである」と言っています [1]．読者の皆さんもぜひいつか読んでみて下さい．以下は第 2 章の「内容のまとめ」で述べた特殊相対論の 2 つの基本原理の部分です．

1. Die Gesetze, nach denen sich die Zustände der physikalischen Systeme ändern, sind unabhängig davon, auf welches von zwei relativ zueinander in gleichförmiger Translationsbewegung befindlichen Koordinatensystemen diese Zustandsänderungen bezogen werden.

2. Jeder Lichtstrahl bewegt sich im ”ruhenden" Koordinatensystem mit der bestimmten Geschwindigkeit V, unabhängig davon, ob dieser Lichtstrahl von einem ruhenden oder bewegten Körper emittiert ist. Hierbei ist

$$\text{Geschwindigkeit} = \frac{\text{Lichtweg}}{\text{Zeitdauer}},$$

wobei ”Zeitdauer" im Sinne der Deginition des §1 aufzufassen ist.

重要度
★

B 関連図書

[1] アブラハム・パイス,『神は老獪にして…アインシュタインの人と学問』産業図書 (1987).
日本語で読める本の中でアインシュタインの仕事についてもっとも詳細に記述された本.

[2] アルベルト・アインシュタイン,『アインシュタイン論文選 「奇跡の年の5論文」』J. スタチェル編, 青木薫訳（ちくま学芸文庫）筑摩書房 (2011).
1905年のアインシュタインの論文が読みやすい日本語で読める. ペンローズの序文, 編者による子供時代から1905年までの伝記はコンパクトで深い分析を含んでいる.

[3] 吉田信夫,『思考の飛躍 アインシュタインの頭脳』（新潮選書）新潮社 (2010).
アインシュタインの特殊相対性理論, 一般相対性理論, ブラウン運動, 量子論の仕事について, 原論文に当たりながら彼の思考の跡を丁寧に検証していく. 特に一般相対性理論を完成するまでの苦闘が詳細に記述されている.

[4] 石原純著；岡本一平画,『アインシュタイン講演録』東京図書 (1971).
1922年11月に来日したときのアインシュタインの講演を著者が記録したもの. 一般相対性理論の着想について, アインシュタイン自身が語った記録としても貴重な文献.

[5] 多田知記,『新版 相対性理論への数学的第一歩–共変微分のやさしい説

明』プレアデス出版 (2011).
基本的事項に絞って非常に丁寧にわかりやすく書かれた微分幾何の入門書.

[6] 岡部洋一,『リーマン幾何学と相対性理論』プレアデス出版 (2014).
著名な電気工学者によるリーマン幾何学の入門書. 一般相対論に必要な知識を丁寧に説明.

[7] エリ・ランダウ, イェ・エム・リフシッツ著；恒藤敏彦訳,『場の古典論-電気力学,特殊および一般相対性理論』東京図書 (1978).
歴史に残る名著. 最新の話は含まれていないし, 最初に読む本としては相応しくないが一度は読むべき本.

[8] P.A.M. ディラック著；江沢洋訳,『一般相対性理論』東京図書 (1977).
現在はちくま学芸文庫に入っている. 簡潔でかつ正確な記述で参考になる点が多い（ただ薄い本が短時間で楽に読めるわけではない）.

[9] 砂川重信,『相対性理論の考え方』岩波書店 (1993).
著者はわかりやすい教科書の執筆で定評がある. 学習者のことをよく考えて書かれた相対性理論の教科書.

[10] 内山龍雄,『一般相対性理論』裳華房 (1978).
非常に丁寧に書かれた教科書. 著者は重力場をゲージ理論としてとらえた先駆的業績をあげた研究者. 先人を尊び, 強烈な個性をもった著者が全力で書かれた端正な名著.

[11] ジェームズ・B・ハートル著；牧野伸義訳,『重力 アインシュタインの一般相対性理論入門』ピアソン・エデュケーション (2008).
教育的配慮がされた本格的教科書.

[12] 須藤靖,『もうひとつの一般相対論入門』日本評論社 (2010).
コンパクトではあるが, 中身は濃い. 著者の深い洞察が何気なく書かれている.

[13] 大栗博,『重力とは何か アインシュタインから超弦理論へ, 宇宙の謎に迫る』(幻冬舎新書) 幻冬舎 (2012).
一般向けの重力の解説書. 一般向けの本ではわかりやすくしようとするあまり不正確な記述になりがちだが, 本書は第一線の研究者が絶妙な比

喩を使って正確さとわかりやすさのバランスの問題を解決している．

[14] バーバラ・ライデン著；牧野伸義訳,『宇宙論入門』ピアソンエデュケーション (2003).
読みやすい宇宙論の教科書．

[15] リチャード・ハモンド著；岡田好惠訳,『仮想インタビュー 物質が語る自画像-クォークからブラックホールまで』（ブルーバックス）講談社 (2008).
科学的に正確で非常に楽しく読める素粒子から宇宙までの本．4 章でブラックホール，10 章でダークマターについての解説がある他，炭素，鉄，中性子星へのインタビューも宇宙論の入門となっている．

[16] 佐藤勝彦,『インフレーション宇宙論』（ブルーバックス）講談社 (2010).
インフレーション宇宙論提唱者による宇宙論の入門書．

[17] 国立天文台編,「理科年表」丸善出版 (2013).
毎年発行されている物理/化学，天文，気象，地学，生物，環境，暦についてもっとも信頼されている情報源．本書の光速を計算するための誘電率，宇宙論と一般相対論の重要な発見については平成 25 年第 86 冊のデータを参考にしている．

[18] 夏梅誠,『超ひも理論への招待』日経 BP(2008).
第 6 章のコラムのブラックホールとゲージ理論の同等性について，非専門家向けに説明している．

重要度
★

C 発展問題略解

1章の発展問題

1-1
$$\frac{d^2\mathbf{x}'}{dt^2} = \frac{d}{dt}\frac{d(\mathbf{x}+\mathbf{v}t)}{dt} = \frac{d}{dt}(\frac{d\mathbf{x}}{dt}+\mathbf{v}) = \frac{d^2\mathbf{x}}{dt^2}. \tag{C.1}$$

よって，ニュートンの運動方程式の左辺は不変である．

1-2
$$\frac{d\mathbf{x}'}{dt} = \frac{d\mathbf{x}}{dt} + \mathbf{v} \tag{C.2}$$

これより，$\mathbf{x}$ の座標系 K は $\mathbf{x}'$ の座標系 K' に対して等速度 $\mathbf{v}$ で運動している．

1-3 $\mathbf{v}$ が定数ベクトルでない，つまり時間に依存する場合，

$$\frac{d^2\mathbf{x}'}{dt^2} = \frac{d}{dt}(\frac{d\mathbf{x}}{dt}+t\frac{d\mathbf{v}}{dt}+\mathbf{v}) = \frac{d^2\mathbf{x}}{dt^2}+t\frac{d^2\mathbf{v}}{dt^2}+2\frac{d\mathbf{v}}{dt} \tag{C.3}$$

となるため，ニュートンの運動方程式の左辺は不変でない（式の形が変わる）．

2-1
$$\mathbf{x}' \cdot \mathbf{y}' = (A\mathbf{x}) \cdot (A\mathbf{y}) =\,^t(A\mathbf{x})(A\mathbf{y}) =\,^t\mathbf{x}\,^tAA\mathbf{y} =\,^t\mathbf{x}I\mathbf{y} = \mathbf{x} \cdot \mathbf{y}. \tag{C.4}$$

特に $\mathbf{x}$ と $\mathbf{y}$ が直交している場合は，$\mathbf{x} \cdot \mathbf{y} = 0$ なので，$\mathbf{x}' \cdot \mathbf{y}' = 0$，すなわち $\mathbf{x}'$ と $\mathbf{y}'$ も直交している．

2-2 回転（z 軸の周りの回転）：例題1の式 (1.3) より，

$$A = \begin{pmatrix} \cos\theta & \sin\theta & 0 \\ -\sin\theta & \cos\theta & 0 \\ 0 & 0 & 1 \end{pmatrix}. \tag{C.5}$$

座標反転: $\mathbf{x}' = -\mathbf{x}$ より,

$$A = \begin{pmatrix} -1 & 0 & 0 \\ 0 & -1 & 0 \\ 0 & 0 & -1 \end{pmatrix}. \tag{C.6}$$

2-3 回転:

$$|A| = \cos^2\theta + \sin^2\theta = 1. \tag{C.7}$$

座標反転:

$$|A| = -1. \tag{C.8}$$

2-4

$$A = \begin{pmatrix} 1 & 0 & 0 \\ 0 & 1 & 0 \\ 0 & 0 & -1 \end{pmatrix}, \quad |A| = -1. \tag{C.9}$$

3-1 力が回転に対して不変であればよい. 中心力の場合は力が $\mathbf{F}(r)$ と中心からの距離 r だけの関数であり, 条件を満たす.

このとき, 角運動量が保存する.

2 章の発展問題

4-1

$$V \equiv (dx_0, dx_1, dx_2, dx_3) \tag{C.10}$$

とすると $d\tau^2 = -V \cdot V$. ゆえに $d\tau$ は 4 元ベクトルの内積で書かれているのでローレンツ変換に対して不変.

4-2

$$s \equiv x \cdot x = -(ct)^2 + x^2 + y^2 + z^2 \tag{C.11}$$

よって s はローレンツ不変.

5-1

$$p \cdot p = -p_0^2 + \mathbf{p}^2 = -\left(\frac{E}{c}\right)^2 + \mathbf{p}^2 = -\frac{m^2 c^2}{1 - v^2/c^2} + \frac{m^2 v^2}{1 - v^2/c^2}$$
$$= -(mc)^2. \tag{C.12}$$

5-2
$$-E^2/c^2 + \mathbf{p}^2 = -(mc)^2 \tag{C.13}$$
より
$$E = \sqrt{(mc^2)^2 + (\mathbf{p}c)^2}. \tag{C.14}$$

6-1
$$E_L = \frac{2E_{CM}^2}{mc^2} - mc^2 = \frac{2 \times 10^2}{1} - 1 = 199 \text{ GeV}. \tag{C.15}$$

7-1
$$u = \frac{V+v}{1+\frac{Vv}{c^2}} = \frac{c/2 + c/2}{1 + 0.5 \times 0.5} = \frac{1}{1.25}c = 0.8c. \tag{C.16}$$

もちろん光速にはならない.

7-2
$$u = \frac{V+v}{1+\frac{Vv}{c^2}} = \frac{0.9c + 0.9c}{1 + 0.9 \times 0.9} = \frac{1.8c}{1.81} = 0.994c. \tag{C.17}$$

分子は c を越えるが分母のために c を越えられない.

8-1 式 (2.42) に $V=c$, $v=c$ を代入して
$$u = \frac{V+v}{1+\frac{Vv}{c^2}} = \frac{c+c}{1+1\times 1} = c. \tag{C.18}$$

9-1 空間的領域は $x_0^2 < \mathbf{x}^2$, すなわち $c < |\mathbf{x}|/t$. 右辺は速度なので, この条件を満たすためには速度が光速を越える.

9-2 静止しているので $\mathbf{x}=\mathbf{0}$. $x_0 = ct$ は増加して行くので x_0 軸に沿って上に動く.

3 章の発展問題

10-1
$$\boldsymbol{\nabla} f(x,y) = \left(\frac{\partial f}{\partial x}, \frac{\partial f}{\partial y}\right) = (-2x, -2y) \tag{C.19}$$

原点ではゼロベクトル. x 成分は x が正のときに負, 負のときに正. y 成分も同様. ベクトルの大きさは原点から遠ざかると大きくなる. 頭の中でこのベクトルを描いてみてほしい.

10-2
$$\boldsymbol{\nabla} \cdot \mathbf{A} = \frac{\partial A_x}{\partial x} + \frac{\partial A_y}{\partial y} + \frac{\partial A_z}{\partial z} = 1+1+1 = 3. \tag{C.20}$$

10-3

$$\nabla \times \mathbf{A} = \left(\frac{\partial A_z}{\partial y} - \frac{\partial A_y}{\partial z}\right)\mathbf{e}_x + \left(\frac{\partial A_x}{\partial z} - \frac{\partial A_z}{\partial x}\right)\mathbf{e}_y$$
$$+ \left(\frac{\partial A_y}{\partial x} - \frac{\partial A_x}{\partial y}\right)\mathbf{e}_z = -2\mathbf{e}_z \tag{C.21}$$

$$\int_{PQ} A_x dx = b(a' - a), \quad \int_{QR} A_y dy = (-a')(b' - b)$$
$$\int_{RS} A_x dx = b'(a - a'), \quad \int_{SP} A_y dy = (-a)(b - b'). \tag{C.22}$$

全周では，

$$\int \mathbf{A} dx = -2(a' - a)(b' - b). \tag{C.23}$$

これは $(\nabla \times \mathbf{A}) \cdot \mathbf{e}_z \times (PQRS\text{の面積})$ になっている．

11-1 電場は電荷 Q があって作られる（クーロンの法則）．しかし，磁場には対応する磁荷は存在しない．

11-2 アンペールの法則の式をある面 S で積分すると

$$\frac{1}{\mu_0}\int d\mathbf{S} \cdot \nabla \times \mathbf{B} = \epsilon_0 \frac{d}{dt}\int d\mathbf{S} \cdot \mathbf{E} + \int d\mathbf{S} \cdot \mathbf{i} \tag{C.24}$$

左辺はストークスの定理によって

$$\frac{1}{\mu_0}\int d\mathbf{x} \cdot \mathbf{B}. \tag{C.25}$$

磁場 B をこの面の周で積分したもの．右辺はこの面を通過する電場の時間変化と電流．

したがって，電流が磁場を誘起するというアンペールの法則を拡張して，電場の時間変化と電流が磁場を生成するという法則を表している．

12-1 1)
$$\nabla \times \mathbf{A}' = \nabla \times (\mathbf{A} + \nabla \chi) = \nabla \times \mathbf{A} = \mathbf{B} \tag{C.26}$$

ここで，$\nabla \times \nabla f = 0$ となることを使った．

2)
$$-\frac{\partial \mathbf{A}'}{\partial t} - \nabla \phi' = -\frac{\partial (\mathbf{A} + \nabla \chi)}{\partial t} - \nabla\left(\phi - \frac{\partial \chi}{\partial t}\right) = -\frac{\partial \mathbf{A}}{\partial t} - \nabla \phi = \mathbf{E}. \tag{C.27}$$

3)
$$\nabla \cdot \mathbf{A}' + \frac{1}{c^2}\frac{\partial \phi'}{\partial t} = \nabla \cdot \mathbf{A} + \nabla^2 \chi + \frac{1}{c^2}\frac{\partial \phi}{\partial t} - \frac{1}{c^2}\frac{\partial \chi}{\partial t}. \tag{C.28}$$

ゆえに与えられた $\mathbf{A}$, ϕ に対し

$$\nabla^2 \chi - \frac{1}{c^2}\frac{\partial \chi}{\partial t} = -\nabla \cdot \mathbf{A} - \frac{1}{c^2}\frac{\partial \phi}{\partial t} \tag{C.29}$$

となるように χ をとればよい.

13-1
$$c = 1/\sqrt{\epsilon_0 \mu_0}, \quad v = 1/\sqrt{\epsilon \mu}. \tag{C.30}$$

$\mu/\mu_0 = 1$ なので

$$\frac{v}{c} = \frac{\sqrt{\epsilon_0 \mu_0}}{\sqrt{\epsilon \mu}} = \frac{1}{\sqrt{\epsilon/\epsilon_0}}. \tag{C.31}$$

ただし, 空気 $v/c = \frac{1}{\sqrt{1.000536}} = 0.999732$

ダイアモンド $v/c = \frac{1}{\sqrt{5.68}} = 4.20$

14-1 静電場中の電気ポテンシャル $\phi(x)$ はその 3 次元方向の左右, 前後, 上下の ϕ の平均に $-\frac{1}{\epsilon_0}\rho$ を加えたものになる. ここで $\rho(x)$ は電荷密度.

引力中の重力ポテンシャル $\phi(x)$ はその 3 次元方向の左右, 前後, 上下の ϕ の平均に $4\pi G\rho$ を加えたものになる. ここで $\rho(x)$ は物質の質量密度.

15-1
$$\nabla \cdot \mathbf{i} + \frac{\partial \rho}{\partial t} = \frac{\partial c\rho}{\partial ct} + \sum_{k=1}^{3}\frac{\partial j_k}{\partial x_k} \tag{C.32}$$

ただし $x_1 = x, x_2 = y, x_3 = z$ とした. これから

$$\sum_{\alpha=0}^{3}\frac{\partial j_\alpha}{\partial x_\alpha} = \partial \cdot j \tag{C.33}$$

ただし $j = (j_1, j_2, j_3, j_0)$. $\partial \cdot j$ は ∂ と j の 4 次元内積を表す.

16-1 パリティ変換 (空間反転) は

$$x \to -x, \quad y \to -y, \quad z \to -z \tag{C.34}$$

という変換. これに伴って

$$\nabla \to -\nabla \tag{C.35}$$

と変換する．

速度，力，電場など多くのベクトルはパリティ変換で符号を変える．これらは鏡に映すと逆向きになる．しかし，回転している棒は（鏡に垂直に置いて映せば）同じ向きに回っている．回転の向きをベクトルで表せば，ベクトルの向きが変わらないことになる．パリティ変換に対して符号を変えないベクトルを軸性ベクトルという．磁場はその例になっている．

マクスウェル方程式を順番に見ていこう．

$$\nabla \times \mathbf{E} + \frac{\partial \mathbf{B}}{\partial t} = \mathbf{0} \tag{C.36}$$

は，$\nabla \to -\nabla$，$\mathbf{E} \to -\mathbf{E}$ なので不変．

$$\frac{1}{\mu_0}\nabla \times \mathbf{B} - \epsilon_0 \frac{\partial \mathbf{E}}{\partial t} = \mathbf{i} \tag{C.37}$$

は，$\nabla \to -\nabla$，$\mathbf{E} \to -\mathbf{E}$ で左辺は符号を変えるが右辺の電流も $\mathbf{i} \to -\mathbf{i}$ と符号を変えるので不変．

$$\nabla \cdot \mathbf{E} = \frac{\rho}{\epsilon_0} \tag{C.38}$$

は，∇ と $\mathbf{E}$ は符号を変えるので全体として左辺は符号を変えない．右辺の電荷密度 ρ は符号を変えない．

$$\nabla \cdot \mathbf{B} = 0 \tag{C.39}$$

は，左辺は符号を変えるが右辺はゼロなので不変．

16-2 $F^{ab} = g^{aa'}g^{bb'}F_{a'b'}$ は $F_{a'b'}$ を行列と考えると，$gF({}^t g)$ と書ける．${}^t g$ は行と列を入れかえた転置行列．${}^t g = g$ なのでこれは gFg．さらに $\sum_{ab} F^{ab}F_{ab} = \mathrm{Tr}gFg\,{}^t F = -\mathrm{Tr}gFgF$．ここで，${}^t F = -F$ を使った（F は反対称行列）．トレース (Tr) は行列の対角要素の和，すなわち $\mathrm{Tr}Q = \sum_a Q_{aa}$．したがって

$$\sum_{ab} F^{ab}F_{ab} = -\mathrm{Tr}FgFg \tag{C.40}$$

「考え方」で示したように，ローレンツ変換によって F は AFA と変換

される．したがって

$$\mathrm{Tr} gFgF \to \mathrm{Tr} g(AFA)g(AFA) = \mathrm{Tr} AgAFAgAF. \tag{C.41}$$

ここで，トレースの性質 $\mathrm{Tr} AB = \mathrm{Tr} BA$ を使った．直接計算することにより

$$AgA = \begin{pmatrix} -\gamma^2 + (\gamma\beta)^2 & \gamma^2\beta - \gamma^2\beta & 0 & 0 \\ \gamma^2\beta - \gamma^2\beta & -(\gamma\beta)^2 + \gamma^2 & 0 & 0 \\ 0 & 0 & 1 & 0 \\ 0 & 0 & 0 & 1 \end{pmatrix}$$

$$= \begin{pmatrix} -1 & 0 & 0 & 0 \\ 0 & 1 & 0 & 0 \\ 0 & 0 & 1 & 0 \\ 0 & 0 & 0 & 1 \end{pmatrix} = g. \tag{C.42}$$

ゆえに

$$\sum_{ab} F^{ab} F_{ab} = -\mathrm{Tr} gFgF \to -\mathrm{Tr} AgAFAgAF = -\mathrm{Tr} gFgF \tag{C.43}$$

となり，ローレンツ変換に対して不変である．

16-3 $\tilde{F}$ の成分を具体的に書くと

$$(\tilde{F}_{\mu\nu}) = \begin{pmatrix} 0 & cB_x & cB_y & cB_z \\ -cB_x & 0 & E_z & -E_y \\ -cB_y & -E_z & 0 & E_x \\ -cB_z & E_y & -E_x & 0 \end{pmatrix}. \tag{C.44}$$

次のような行列 $\tilde{A}$ を導入する．

$$\tilde{A} = (a_{\mu\nu}) = \begin{pmatrix} \gamma & \gamma\beta & 0 & 0 \\ \gamma\beta & \gamma & 0 & 0 \\ 0 & 0 & 1 & 0 \\ 0 & 0 & 0 & 1 \end{pmatrix}. \tag{C.45}$$

直接計算することにより $\tilde{F}$ はローレンツ変換で $\tilde{A}\tilde{F}A$ に変換されることがわかる。$\tilde{A}$ は A の中で $\beta \to -\beta$ としたものなので，逆ローレンツ変換の行列になっており，$\tilde{A}A = I$. $\tilde{F}$ は反対称行列なので

$$\sum_{\alpha,\beta} F^{\alpha,\beta}\tilde{F}_{\alpha,\beta} = \mathrm{Tr}F({}^t\tilde{F}) = -\mathrm{Tr}F\tilde{F} \to -\mathrm{Tr}AFA\tilde{A}\tilde{F}\tilde{A} = -\mathrm{Tr}F\tilde{F} \quad (\text{C.46})$$

とローレンツ変換を受けるので不変.

4章の発展問題

17-1
$$g_{rr} = \mathbf{e}_r \cdot \mathbf{e}_r = \cos^2\theta + \sin^2\theta = 1$$
$$g_{r\theta} = \mathbf{e}_r \cdot \mathbf{e}_\theta = -\cos\theta\sin\theta + \sin\theta\cos\theta = 0$$
$$g_{\theta r} = \mathbf{e}_\theta \cdot \mathbf{e}_r = -\sin\theta\cos\theta + \cos\theta\sin\theta = 0$$
$$g_{\theta\theta} = \sin^2\theta + \cos^2\theta = 1. \quad (\text{C.47})$$

18-1 具体的に計算する．
$$g^{11}V_1 + g^{12}V_2 = 5 \times (-\frac{1}{3}) + (-1) \times (\frac{4}{3}) = -3 = V^1 \quad (\text{C.48})$$
$$g^{21}V_1 + g^{22}V_2 = (-1) \times (-\frac{1}{3}) + 2 \times (\frac{4}{3}) = 3 = V^2 \quad (\text{C.49})$$
$$g_{11}V^1 + g_{12}V^2 = \frac{2}{9} \times (-3) + \frac{1}{9} \times 3 = -\frac{1}{3} = V_1 \quad (\text{C.50})$$
$$g_{21}V^1 + g_{22}V^2 = \frac{1}{9} \times (-3) + \frac{5}{9} \times 3 = \frac{4}{3} = V_2. \quad (\text{C.51})$$

18-2 具体的に計算する．
$$\begin{pmatrix} g^{11} & g^{12} \\ g^{21} & g^{22} \end{pmatrix} \begin{pmatrix} g_{11} & g_{12} \\ g_{21} & g_{22} \end{pmatrix} = \begin{pmatrix} 5 & -1 \\ -1 & 2 \end{pmatrix} \begin{pmatrix} 2/9 & 1/9 \\ 1/9 & 5/9 \end{pmatrix}$$
$$= \begin{pmatrix} 1 & 0 \\ 0 & 1 \end{pmatrix}. \quad (\text{C.52})$$

19-1
$$(ds)^2 = dx^2 + dy^2 + dz^2$$
$$= (dr\cos\theta - r\sin\theta d\theta)^2 + (dr\sin\theta + r\cos\theta d\theta)^2 + dz^2$$
$$= dr^2 + r^2 d\theta^2 + dz^2. \quad (\text{C.53})$$

これから $g_{rr} = 1, \quad g_{\theta\theta} = r^2, \quad g_{zz} = 1, \quad g_{ab} = 0 \text{ for } a \neq b.$

19-2 $g_{\theta\theta} = -a^2$ となる．

$$(g_{ab}) = \begin{pmatrix} g_{\theta\theta} & g_{\theta\varphi} \\ g_{\varphi\theta} & g_{\varphi\varphi} \end{pmatrix} = \begin{pmatrix} -a^2 & 0 \\ 0 & a^2\sin^2\theta \end{pmatrix},$$

$$(g^{ab}) = \begin{pmatrix} g^{\theta\theta} & g^{\theta\varphi} \\ g^{\varphi\theta} & g^{\varphi\varphi} \end{pmatrix} = \begin{pmatrix} -\frac{1}{a^2} & 0 \\ 0 & \frac{1}{a^2\sin^2\theta} \end{pmatrix}.$$

例題と同じように計算して

$$\Gamma^{\theta}_{\varphi\varphi} = \sin\theta\cos\theta$$

$$\Gamma^{\varphi}_{\theta\varphi} = \Gamma^{\varphi}_{\varphi\theta} = \frac{\cos\theta}{\sin\theta} \tag{C.54}$$

これ以外はゼロ．

19-3

$$ds^2 = dx^2 + dy^2 + \frac{1}{a^2 - x^2 - y^2}(x^2 dx^2 + xy\, dx\, dy + yx\, dy\, dx + y^2 dy - 2) \tag{C.55}$$

から

$$g_{xx} = 1 + \frac{x^2}{a^2 - x^2 - y^2}, \quad g_{xy} = \frac{xy}{a^2 - x^2 - y^2},$$

$$g_{yx} = \frac{xy}{a^2 - x^2 - y^2}, \quad g_{yy} = 1 + \frac{y^2}{a^2 - x^2 - y^2}. \tag{C.56}$$

20-1 $dx = -a\sin\theta d\theta, \quad dy = b\cos\theta d\theta$ より

$$ds^2 = dx^2 + dy^2 = (a^2\sin^2\theta + b^2\cos^2\theta)d\theta^2 \tag{C.57}$$

これから $g_{\theta\theta} = a^2\sin^2\theta + b^2\cos^2\theta$．

$\mathbf{e}_\theta = \frac{d\mathbf{x}}{d\theta} = (dx/d\theta, dy/d\theta) = (-a\sin\theta, b\cos\theta)$ から $g_{\theta\theta} = \mathbf{e}_\theta \cdot \mathbf{e}_\theta$ としても同じ結果が得られる．

$\mathbf{e}^\theta \cdot \mathbf{e}_\theta = 1$ とすれば，$\mathbf{e}^\theta = (-\sin\theta/a, \cos\theta/b)$．これから $g^{\theta\theta} = \mathbf{e}^\theta \cdot \mathbf{e}^\theta = \sin^2\theta/a^2 + \cos^2\theta/b^2$．

$\Gamma^{\theta}_{\theta\theta} = (a^2 - b^2)\sin\theta\cos\theta(\sin^2\theta/a^2 + \cos^2\theta/b^2)$．$a = b$ のときは $\Gamma^{\theta}_{\theta\theta} = 0$．

21-1 まず大円の方程式を確認しておく．大円は球 $x = a\sin\theta\cos\varphi$, $y = a\sin\theta\sin\varphi$, $z = a\cos\theta$ と原点を通る平面 $C_1 x + C_2 y + C_3 z = 0$ との

交線．ゆえに
$$C_1 \sin\theta \cos\varphi + C_2 \sin\theta \sin\varphi + C_3 \cos\theta = 0. \tag{C.58}$$
両辺を $-C_3 \sin\theta$ で割り，$-C_1/C_3 \to C_1$, $-C_2/C_3 \to C_2$ と置き直せば，
$$C_1 \cos\varphi + C_2 \sin\varphi = \cot\theta. \tag{C.59}$$
左辺は $\sqrt{C_1^2 + C_2^2}(\sin\varphi\cos D + \cos\varphi\sin D) = \sqrt{C_1^2 + C_2^2}\sin(\varphi+D)$. ただし，$\cos D = C_2/\sqrt{C_1^2+C_2^2}, \sin D = C_1/\sqrt{C_1^2+C_2^2}$. したがって，大円は
$$\cot\theta = \sqrt{C_1^2 + C_2^2}\sin(\varphi+D). \tag{C.60}$$
C_1, C_2 は任意の値をとり，それによって D が決まるが，角度 φ はどこに原点をとってもよいので
$$\cot\theta = l\sin\varphi. \tag{C.61}$$
式 (4.97) から v_θ と v_φ は以下の関係を満たすので，v_θ と v_φ のいずれかが求まると他は求まる．
$$1 = a^2\left(\frac{d\theta}{ds}\right)^2 + a^2\sin^2\theta\left(\frac{d\varphi}{ds}\right)^2 = a^2 v_\theta^2 + a^2\sin^2\theta v_\varphi^2. \tag{C.62}$$
まず，v_φ を求める．測地線方程式の第 2 式に $\sin^2\theta$ をかけると
$$\sin^2\theta \frac{dv_\varphi}{ds} + 2\cos\theta\sin\theta v_\theta v_\varphi = 0. \tag{C.63}$$
$v_\theta = \frac{d\theta}{ds}$ であることに注意すると，左辺は $\frac{d}{ds}(\sin^2\theta v_\varphi)$. したがって，$\sin^2\theta v_\varphi = C$ (C は定数)，すなわち
$$v_\varphi = \frac{C}{\sin^2\theta}. \tag{C.64}$$
これを式 (C.62) に入れ，v_θ について解くと，
$$v_\theta = \sqrt{\frac{1 - a^2\sin^2\theta v_\varphi^2}{a^2}} = \sqrt{\frac{1}{a^2} - \frac{C^2}{\sin^2\theta}}. \tag{C.65}$$
これから
$$\int \frac{d\theta}{\sqrt{\frac{1}{a^2} - \frac{C^2}{\sin^2\theta}}} = \int ds = s + s_0 \tag{C.66}$$

s_0 は積分定数. 左辺は分子・分母に $a\sin\theta$ をかけ, $t = \cos\theta$ とおくと,

$$\int \frac{adt}{\sqrt{1-(Ca)^2-t^2}} = a\sin^{-1}\frac{t}{\sqrt{1-(Ca)^2}} = a\sin^{-1}\frac{\cos\theta}{\sqrt{1-(Ca)^2}} \quad \text{(C.67)}$$

すなわち

$$\cos\theta = \sqrt{1-(Ca)^2}\sin(\frac{s+s_0}{a}). \quad \text{(C.68)}$$

これを式 (C.64), すなわち $d\varphi = (C/\sin^2\theta)ds$ に入れると

$$\int d\varphi = \int \frac{C}{1-(1-(Ca)^2)\sin^2((s+s_0)/a)}ds$$
$$= \tan^{-1}(Ca\tan(s+s_0)/a). \quad \text{(C.69)}$$

左辺は $\varphi + \varphi_0$. これから

$$\tan(\varphi + \varphi_0) = Ca\tan\frac{s+s_0}{a}. \quad \text{(C.70)}$$

どこからパラメータ s を測るかの自由度があるので, $s_0 = 0$ としてもよい. $\varphi_0 = 0$ とおく. $s = \sin(s/a), Ca = \alpha$ とおけば

$$\cot^2\theta = \frac{\cos^2\theta}{1-\cos^2\theta} = \frac{(1-\alpha^2)s^2}{1-(1-\alpha^2)s^2} \quad \text{(C.71)}$$

$$\sin^2\varphi = \frac{\tan^2\varphi}{\tan^2\varphi+1} = \frac{\alpha^2 s^2}{1-(1-\alpha^2)s}. \quad \text{(C.72)}$$

したがって, 式 (C.61) を満たし, 大円となる.

5 章の発展問題

22-1

$$T^{ab} = \begin{pmatrix} \epsilon & (\epsilon+p)v_x & (\epsilon+p)v_y & (\epsilon+p)v_z \\ (\epsilon+p)v_x & (\epsilon+p)v_x^2 + p & (\epsilon+p)v_xv_y & (\epsilon+p)v_xv_z \\ (\epsilon+p)v_y & (\epsilon+p)v_xv_y & (\epsilon+p)v_y^2 & (\epsilon+p)v_yv_z \\ (\epsilon+p)v_z & (\epsilon+p)v_xv_z & (\epsilon+p)v_yv_z & (\epsilon+p)v_z^2 \end{pmatrix}. \quad \text{(C.73)}$$

非相対論的な場合を考えているので 速度 v は非常に小さい. またエネルギー密度は $e \sim \rho c^2$ なので (ρ は質量密度) v はこれよりも小さい. したがって

$$T^{ab} \sim \begin{pmatrix} \epsilon & \epsilon v_x & \epsilon v_y & \epsilon v_z \\ \epsilon v_x & \epsilon v_x{}^2 + p & \epsilon v_x v_y & \epsilon v_x v_z \\ \epsilon v_y & \epsilon v_x v_y & \epsilon v_y{}^2 + p & \epsilon v_y v_z \\ \epsilon v_z & \epsilon v_x v_z & \epsilon v_y v_z & \epsilon v_z{}^2 + p \end{pmatrix}. \quad \text{(C.74)}$$

この右下の3行3列部分は非相対論流体力学の応力テンソルに対応する.

23-1 測地線方程式の空間成分の近似として得られたニュートンの運動方程式は運動量 $\mathbf{p}$ の時間微分が力になるという式である. 外力が無いときは運動量保存則になる. 時間成分はエネルギーの固有時 τ 微分の関係式が得られる. 非相対論的近似では $\tau \sim t$ となるので時間微分になる. 運動量の保存に対応してエネルギー保存則が現れる.

24-1
$$G = 6.67 \times 10^{-11} \text{ m}^3 \cdot \text{kg}^{-1} \cdot \text{s}^{-2}, \quad c = 3.00 \times 10^8 \text{ m/s} \quad \text{(C.75)}$$

を使って
$$\frac{8\pi \times 6.67 \times 10^{-11}}{(3.00 \times 10^8)^4} = 2.07 \times 10^{-43} \text{ s}^2/\text{kg} \cdot \text{m}. \quad \text{(C.76)}$$

25-1 例題23で, g_{00} と重力ポテンシャル ϕ は $g_{00} = -1 - \frac{2}{c^2}\phi$ という関係にあることを見た. シュバルツシルト解では
$$g_{tt} = -(1 - \frac{\alpha}{r}), \quad g_{rr} = \frac{1}{1 - \alpha/r} \quad \text{(C.77)}$$

となるので,
$$g_{tt} = -(1 - \frac{2GM}{c^2 r}), \quad g_{rr} = \frac{1}{1 - 2GM/rc^2}. \quad \text{(C.78)}$$

25-2 発展問題24-1で使った G, c の値を使って
$$R_s = \frac{2GM}{c^2} = 3.0 \text{ km}. \quad \text{(C.79)}$$

25-3
$$ds^2 = -(1 - \frac{2GM}{c^2 r})(cdt)^2 + \frac{1}{1 - 2GM/rc^2} dr^2. \quad \text{(C.80)}$$

$ds = 0$ なので
$$(1 - \frac{2GM}{c^2 r})^2 (cdt) = dr^2 \quad \text{(C.81)}$$

$$\frac{dr}{dt} = \pm(1 - \frac{2GM}{c^2 r}). \quad \text{(C.82)}$$

シュバルツシルト解は，質量 M の物体の外部で何も物質が無い領域の解である．光がそのような領域で放射されたとすると，$r \to R_s$ で速度はゼロになってしまい進めなくなる．

25-4
$$\frac{dv^t}{d\tau} + g^{tt}\frac{dg_{tt}}{d\tau}v^t = 0. \tag{C.83}$$

両辺に $g_{tt} = 1/g^{tt}$ をかけて
$$g_{tt}\frac{dv^t}{d\tau} + \frac{dg_{tt}}{d\tau}v^t = 0. \tag{C.84}$$

左辺は $\frac{d}{d\tau}\left(g_{tt}v^t\right)$．

25-5
$$g_{tt}(v^t)^2 + g_{rr}(v^r)^2 = g_{tt}(v^t)^2 - \frac{1}{g_{tt}}(v^r)^2 = -1. \tag{C.85}$$

これから $(v^r)^2 = g_{tt}^2(v^t)^2 + g_{tt} = C^2 - 1 + R_s/r$．
中心に向かうのでマイナス符号をとって
$$v^r = -\sqrt{C^2 - 1 + R_s/r}. \tag{C.86}$$

25-6
$$r^{-1} = (R_s + \epsilon)^{-1} = [R_s(1 + \frac{\epsilon}{R_s})]^{-1} \sim R_s^{-1}(1 - \frac{\epsilon}{R_s}) \tag{C.87}$$

x が小さいとき，$(1+x)^\alpha \sim 1+\alpha x$ と近似できることを使っている（ここでは $x = \epsilon/R_s, \alpha = -1$）．したがって
$$-1 + \frac{R_s}{r} = -\frac{\epsilon}{R_s} \tag{C.88}$$

これから
$$\frac{dt}{dr} = \frac{C}{\epsilon/R_s} \times \frac{1}{\sqrt{C^2 - \epsilon/R_s}} \sim \frac{C}{\epsilon/R_s} \times \frac{1}{C(1 - \epsilon/2R_sC^2)}$$
$$\sim \frac{R_s}{\epsilon} \sim \frac{r}{\epsilon}. \tag{C.89}$$

26-1 赤道上 $(\theta = \pi/2, \sin\theta = 1)$ で立っている人の時間 $t_{\text{赤道}}$ と，赤道の上の軌道を動く GPS 衛星の時間 $t_{\text{衛星}}$ との比較をする．$dr = 0, d\theta = 0$ なので，$ds^2 = -d\tau^2 = -c^2 dt^2$ の置き換えをすれば

$$d\tau^2 = (1 - \frac{2GM}{c^2 r})(cdt)^2 + r^2 d\phi^2. \tag{C.90}$$

赤道上で立っている人の座標系では固有時 τ は $ct_{赤道}$.

$$c^2 dt_{赤道}^2 = (1 - \frac{2GM}{c^2 r_{赤道}})(cdt)^2 + r_{赤道}^2 d\phi_{赤道}^2$$
$$= \left((1 - \frac{2GM}{c^2 r_{赤道}}) + (\frac{r_{赤道}}{c})^2 \dot\phi_{赤道}^2\right) c^2 dt^2. \tag{C.91}$$

ここで $r_{赤道}$ は地球の中心から地表までの距離.$\phi_{赤道}$ は赤道上で立っている人の角度, $\dot\phi_{赤道} \equiv d\phi_{赤道}/dt$ は自転の角速度.t は無限遠で観測している人の時間.

同様に GPS 衛星の時間(衛星と一緒に動く座標で測った時間)は

$$c^2 dt_{衛星}^2 = \left((1 - \frac{2GM}{c^2 r_{衛星}}) + (\frac{r_{衛星}}{c})^2 \dot\phi_{衛星}^2\right) c^2 dt^2 \tag{C.92}$$

この比をとって

$$\frac{dt_{赤道}}{dt_{衛星}} = \frac{\sqrt{1 - 2GM/c^2 r_{赤道} + (r_{赤道}/c)^2 \dot\phi_{赤道}^2}}{\sqrt{1 - 2GM/c^2 r_{衛星} + (r_{衛星}/c)^2 \dot\phi_{衛星}^2}}$$
$$\sim \frac{1 - GM/c^2 r_{赤道} + \frac{1}{2}(r_{赤道}/c)^2 \dot\phi_{赤道}^2}{1 - GM/c^2 r_{衛星} + \frac{1}{2}(r_{衛星}/c)^2 \dot\phi_{衛星}^2}$$
$$\sim 1 - GM/c^2 r_{赤道} + \frac{1}{2}(r_{赤道}/c)^2 \dot\phi_{赤道}^2 + GM/c^2 r_{衛星} - \frac{1}{2}(r_{衛星}/c)^2 \dot\phi_{衛星}^2$$
$$= 1 - \frac{GM}{c^2 r_{赤道}} \left(1 - \frac{r_{赤道}}{r_{衛星}}\right) - \frac{1}{2c^2}(r_{衛星} \dot\phi_{衛星})^2 \left(1 - (\frac{r_{赤道} \dot\phi_{赤道}}{r_{衛星} \dot\phi_{衛星}})^2\right).$$
$$\tag{C.93}$$

例題 26 に与えられているように,$r_{衛星}$ は地球の中心から GPS 衛星までの距離で $6400 + 20000 = 26400$ km, $r_{赤道}/r_{衛星} = 6400/20000 = 0.32$, $\frac{GM}{r_{赤道}}$ は重力加速度 $g = \frac{GM}{r_{赤道}^2} = 9.80$ m/s^2 に $r_{赤道}$ をかければよい, $r_{衛星} \dot\phi_{衛星}$ は衛星の速度で 3.84 km/s. $\dot\phi_{衛星}$ は一日に 2 回回転する角速度(簡単のために GPS 衛星は赤道上にいるとしている.実際には各衛星ごとに異なる軌道を動いている), $\dot\phi_{赤道}$ は一日に 1 回回転する角速度

なので $\dot{\phi}_{衛星}/\dot{\phi}_{赤道} = 2$. 赤道上で静止している人と，GPS 衛星の中では

$$1 - \frac{dt_{赤道}}{dt_{衛星}} = 1.62 \times 10^{-10} \tag{C.94}$$

だけの時間のズレが生じる．

26-2 白色矮星の表面の時間間隔 $dt_{白色矮星}$ とそこから無限に離れた観測点での時間間隔 dt は重力の影響で異なる．白色矮星の表面から $dt_{白色矮星}$ の間に f 回の振動をする光は，無限遠点の観測者には dt の間に f 回振動する光として観測される．つまり，観測者は自分の観測した振動数を $dt/dt_{白色矮星}$ だけ補正する必要がある．

重力ポテンシャルは $\phi = -G\frac{M}{R}$ であり，無限遠では白色矮星の表面より大きい（無限遠ではゼロ，白色矮星表面では負）．時間の補正量は $\frac{重力ポテンシャルの差}{c^2} = \frac{GM}{Rc^2} = 1.48 \times 10^{-3}$．時間間隔は延びるので，振動数は遅くなる，つまり約 0.15% の赤方変異を受ける．

6 章の発展問題

27-1 両辺を t で微分すると，$\dot{L} = \dot{a}L(t_0)$．$L(t_0) = L(t)/a$ を代入すれば求める式が得られる．

27-2 $1/H_0 = 3.1 \times 10^{19}/70$ 秒．年に直すと 1.40×10^{10} 年＝140 億年．

27-3 スケール因子 a は $3000K/2.7K \sim 1100$ 倍になっている．

28-1 4 章で，$x \to x'$ と座標変換を行うとテンソルは $A_{ab}(x') = \sum_{pq} \frac{\partial x_p}{\partial x'_a} \frac{\partial x_q}{\partial x'_b} A_{pq}(x)$ と変換されることを学んだ．これを $\bar{g} + \epsilon$ に適用すると，

$$\bar{g}_{\mu\nu}(x') + \epsilon_{\mu\nu}(x') = \frac{\partial x_\alpha}{\partial x'_\mu} \frac{\partial x_\beta}{\partial x'_\nu} (\bar{g}_{\alpha\beta}(x) + \epsilon_{\alpha\beta}(x))$$

$x'^\mu = x^\mu + \xi^\mu$ とし，$|\xi| < |x|$ とする．上式右辺は 2 次以上の項を無視すると，$(\delta^\alpha_\mu - \partial_\mu \xi^\alpha)(\delta^\beta_\nu - \partial_\nu \xi^\beta)(\bar{g}_{\alpha\beta}(x) + \epsilon_{\alpha\beta}(x)) \sim \bar{g}_{\mu\nu}(x) + \epsilon_{\mu\nu}(x) - \partial_\mu \xi_\nu - \partial_\nu \xi_\mu$ となる．$\bar{g}_{\mu\nu}(x') \sim \bar{g}_{\mu\nu}(x)$ なので，$\epsilon_{\mu\nu}(x') \sim \epsilon_{\mu\nu}(x) - \partial_\mu \xi_\nu - \partial_\nu \xi_\mu$，$\epsilon(x') = \bar{g}^{\mu\nu} \epsilon_{\mu\nu}(x') = \epsilon(x) - 2\partial_\mu \xi^\mu$ である．したがって，$\psi_{\mu\nu}(x') = \epsilon_{\mu\nu}(x') - \frac{1}{2} \bar{g}_{\mu\nu}(x') \epsilon(x') = \epsilon_{\mu\nu}(x) - \partial_\mu \xi_\nu - \partial_\nu \xi_\mu - \frac{1}{2} \bar{g}_{\mu\nu}(x')(\epsilon(x) - 2\partial_\alpha \xi^\alpha) = \psi_{\mu\nu}(x) - \partial_\mu \xi_\nu - \partial_\nu \xi_\mu + \bar{g}_{\mu\nu}(x) \partial_\alpha \xi^\alpha$．

この両辺に ∂^ν をかけて $\partial^\nu \psi_{\mu\nu}(x') = \partial^\nu \psi_{\mu\nu}(x) - \partial^\nu \partial_\mu \xi_\nu - \partial^\nu \partial_\nu \xi_\mu + \bar{g}_{\mu\nu}(x) \partial^\nu \partial_\alpha \xi^\alpha$.
第 2 項と第 4 は符号が逆で同じものなので消える．したがって $\partial^\nu \psi_{\mu\nu}(x') = \partial^\nu \psi_{\mu\nu}(x) - \Box \xi_\mu$．与えられた $\psi(x)$ に対して $\Box \xi_\mu = \partial^\nu \psi_{\mu\nu}(x)$ と ξ をとることはできるので，そのような ξ をとれば $\partial^\nu \psi_{\mu\nu}(x') = 0$ となる．

29-1 クリストッフェル記号からリッチテンソルを求めると，
$R_{rr} = -2K/(1-Kr^2)$, $R_{\theta\theta} = -Kr^2 - 1$, $R_{\phi\phi} = \sin^2\theta(-3Kr^2 + 1)$. （これ以外はゼロ）．
$g^{rr} = 1/g_{rr} = 1 - Kr^2$, $g^{\theta\theta} = 1/g_{\theta\theta} = 1/r^2$, $g^{\phi\phi} = 1/g_{\phi\phi} = 1/r^2 \sin^2\theta$ を使ってリッチスカラーは

$$R = g^{rr} R_{rr} + g^{\theta\theta} R_{\theta\theta} + g^{\phi\phi} R_{\phi\phi} = -6K \tag{C.95}$$

となる．したがって K の値がリッチスカラーの正負を決める．

30-1 加速膨張のためには加速度方程式の左辺が正でなければならない．そのためには，(1) 右辺の第 2 項の宇宙定数 Λ がゼロでなく，第 1 項 $-4\pi G (\rho + 3p)/3c^2$ 以上の大きさをもつか，(2) $\Lambda = 0$ で，第 1 項の圧力 p が負である場合などが考えられる．

ここでは簡単のために $a(t) = 1$ とした．したがって，その時間微分もゼロである．読者はこの条件を付けない場合についても挑戦してみてほしい．

索引

【英数字】
4元速度 17
4元ベクトル 16
CMB 123
COBE 123
WMAP 123

【あ】
アインシュタインテンソル 59
アインシュタインの規約 ix
アインシュタイン方程式 ... 93, 122
位相速度 45
インフレーション宇宙論 123
宇宙項 74
宇宙定数 122
宇宙の加速膨張 124
エネルギー運動量テンソル 95

【か】
回転 33
ガウスの曲面論 58
ガウスの定理 39
ガウス則 39
加速度方程式 146
ガリレイ変換 10
慣性系 10

慣性質量 93
共変 11
共変微分 73
共変ベクトル 68, 71
空間的領域 29
クリストッフェルの記号 59
群 15
計量 61
計量テンソル 59, 61
計量メトリック ix
ゲージ条件 134
ゲージ変換 43
光円錐 29
勾配 33
固有時 16

【さ】
時間的領域 29
実験室系 22
重心系 22
重力質量 93
重力波 131
シュバルツシルト解 104
スケール因子 128
ストークスの定理 40
測地線 17

測地線方程式 90

【た】
ダークエネルギー 122, 124
対称性 1
直交行列 7
直交変換 7
電荷保存則 49
電磁波 44
電磁場テンソル 51
電磁ポテンシャル 41
テンソル 72
等価原理 93
透磁率 45
特殊相対性理論 12

【な】
ネーターの定理 2

【は】
発散 33
ハッブル時間 128
ハッブル定数 128

反変ベクトル 66, 71
ビアンキの恒等式 95
ビッグバン 123
ブラックホール 112
フリードマン方程式 139
ポアソン方程式 33
保存則 2

【ま】
マクスウェル方程式 31
ミンコフスキー空間 61

【や】
誘電率 45

【ら】
リーマン幾何学 61
リーマンテンソル 60
リッチスカラー 60
リッチテンソル 60
ローレンツ収縮 18
ローレンツ変換 13
ロバートソン・ウォーカー計量 . 135

MEMO

MEMO

著者紹介

中村　純（なかむら　あつし）

1979 年	早稲田大学大学院理工学研究科修了（理学博士）
1979 年	早稲田大学理工学部助手 イタリア，スイス，ドイツで研究所，大学で研究員，助教など 10 年間を経て
1993 年	山形大学教育学部助教授
1996 年	山形大学教育学部教授
1997 年	広島大学情報教育研究センター教授
受賞歴	Gordon Bell 賞，UNESCO チェア
専　門	計算物理学，ハドロン物理学
趣味等	パンフルートを日本に普及させること，広島大学あんこ研究会主宰

フロー式 物理演習シリーズ 18
相対論入門
時空の対称性の視点から

Introduction to Theory of Relativity
—From View of Symmetry of
Time and Space—

2014 年 6 月 15 日　初版 1 刷発行
2015 年 9 月 20 日　初版 2 刷発行

著　者　中村　純 © 2014
監　修　須藤彰三
　　　　岡　真
発行者　南條光章
発行所　共立出版株式会社
　　　　東京都文京区小日向 4-6-19
　　　　電話　03-3947-2511（代表）
　　　　郵便番号　112-0006
　　　　振替口座　00110-2-57035
　　　　URL http://www.kyoritsu-pub.co.jp/
印　刷　大日本法令印刷
製　本　協栄製本

一般社団法人
自然科学書協会
会員

検印廃止
NDC 421.2
ISBN 978-4-320-03517-1

Printed in Japan

JCOPY <出版者著作権管理機構委託出版物>
本書の無断複製は著作権法上での例外を除き禁じられています．複製される場合は，そのつど事前に，出版者著作権管理機構（TEL：03-3513-6969，FAX：03-3513-6979，e-mail：info@jcopy.or.jp）の許諾を得てください．

カラー図解 物理学事典

Hans Breuer [著]　　Rosemarie Breuer [図作]
杉原　亮・青野　修・今西文龍・中村快三・浜　満 [訳]

ドイツ Deutscher Taschenbuch Verlag 社の『dtv-Atlas 事典シリーズ』は，見開き 2 ページで一つのテーマ（項目）が完結するように構成されている。右ページに本文の簡潔で分かり易い解説を記載し，左ページにそのテーマの中心的な話題を図像化して表現し，本文と図解の相乗効果で，より深い理解を得られように工夫されている。本書は，この事典シリーズのラインナップ『dtv-Atlas Physik』の日本語翻訳版であり，基礎物理学の要約を提供するものである。内容は，古典物理学から現代物理学まで物理学全般をカバーし，使われている記号，単位，専門用語，定数は国際基準に従っている。

■菊判・412頁・定価（本体5,500円＋税）　≪日本図書館協会選定図書≫

ケンブリッジ 物理公式ハンドブック

Graham Woan [著] ／ 堤　正義 [訳]

この『ケンブリッジ物理公式ハンドブック』は，物理科学・工学分野の学生や専門家向けに手早く参照できるように書かれた必須のクイックリファレンスである。数学，古典力学，量子力学，熱・統計力学，固体物理学，電磁気学，光学，天体物理学など学部の物理コースで扱われる 2,000 以上の最も役に立つ公式と方程式が掲載されている。詳細な索引により，素早く簡単に欲しい公式を発見することができ，独特の表形式により式に含まれているすべての変数を簡明に識別することが可能である。この度，多くの読者からの要望に応え，オリジナルのB5判に加えて，日々の学習や復習，仕事などに最適な，コンパクトで携帯に便利な"ポケット版（B6判）"を新たに発行。

■B5判・298頁・定価（本体3,300円＋税）　■B6判・298頁・定価（本体2,600円＋税）

独習独解 物理で使う数学 完全版

Roel Snieder著・井川俊彦訳　物理学を学ぶ者に必要となる数学の知識と技術を分かり易く解説した物理数学(応用数学)の入門書。読者が自分で問題を解きながら一歩一歩進むように構成してある。それらの問題の中に基本となる数学の理論や物理学への応用が含まれている。内容はベクトル解析，線形代数，フーリエ解析，スケール解析，複素積分，グリーン関数，正規モード，テンソル解析，摂動論，次元論，変分論，積分の漸近解などである。■A5判・576頁・定価（本体5,500円＋税）

http://www.kyoritsu-pub.co.jp/　　**共立出版**　　（価格は変更される場合がございます）